最新宇宙論と天文学を楽しむ本

太陽系の謎からインフレーション理論まで

佐藤勝彦 監修

PHP文庫

○本表紙図柄＝ロゼッタ・ストーン（大英博物館蔵）
○本表紙デザイン＋紋章＝上田晃郷

はじめに

ハッブル宇宙望遠鏡が宇宙でもっとも遠い天体発見、すばる望遠鏡のテスト観測開始――新聞に宇宙の記事が出ない週はほとんどない。実際、最近の天文学の進歩はめざましい。ハッブル宇宙望遠鏡などの人工衛星を用いての観測や、すばる望遠鏡に代表される大望遠鏡の観測によって、かつて見ることのできなかった遠くの天体を鮮明に観測できるようになってきているのである。

今や日本は、世界でもトップクラスの天文学大国になった。そのシンボルは言うまでもなく、ハワイ・マウナケア山頂に建設されたすばる望遠鏡である。テスト観測として、多くの銀河や星雲の写真が撮られているが、そのシャープなイメージには感動する。単一鏡としては世界最大クラスの望遠鏡で、宇宙開《かい》闢《びゃく》にせまるきわめて遠方の天体や、生命を育んでいるかもしれない太陽系外の惑星系などを発見していくに違いない。

宇宙の研究はいわゆる巨大科学である。大きな国家予算を使うが、直接明日の生活に何の役にも立たない。しかし、幸いなことに、多くの人々は宇宙にロマンと夢を感じ、興味を持っている。なぜ人間は宇宙にロマンを感じ、強く惹かれるのか？　それはたぶん、自分自身が、どのような世界に住んでいて、どのような存在であるのかを知りたいからではないだろうか？

「宇宙をどんどん遠くへ行けば、どのようになっているのだろうか？　宇宙には果てはあるのだろうか？」「宇宙には始まりや終わりというものがあるのだろうか？」「宇宙には地球以外にも生命は存在するのだろうか？　さらに人間のような知的生命体は存在するのだろうか？」――これらは、宇宙について人々がもっとも問い続けてきた疑問である。私が宇宙の研究を始めたのも、このような素朴な疑問からであった。私自身が実際今日まで進めてきた研究は、前者の疑問に答える宇宙の創成論《そうせいろん》である。幸い、私もその提唱者の一人であるインフレーション理論は、宇宙創成の標準的な理論として広く受け入れられるようになった。近い将来に、後者の疑問にも答えられる「宇宙における生命」

の研究も進めたいと夢見ている。
この本では、太陽系から、星、銀河、宇宙の創成に至るまで、系統だって最近の宇宙研究の最前線をわかりやすく紹介してある。ハッブル宇宙望遠鏡、日本のX線天文衛星「あすか」など、世界の研究のトップを走っている望遠鏡による最新の発見を含めながら、我々人類が今知り得ている最新の宇宙像が描かれている。読者の皆さんが、さらに宇宙に対する興味を深めていただければ幸いである。最後になるが、原稿作成に際し多大の労を執っていただいた㈱オリンポスの中村俊宏氏に深く感謝したい。

東京大学大学院理学系研究科教授
佐藤　勝彦

最新宇宙論と天文学を楽しむ本　目次

2章 母なる太陽と地球の兄弟たち

太陽系と太陽

太陽系の兄弟たちI

太陽系の兄弟たちII

3章 星の誕生から死まで

星の一生

4章 銀河を超えて宇宙の彼方へ

5章 宇宙の過去の姿が見えてくる

膨張する宇宙の姿を想像してみよう

ビッグバン宇宙の歴史を探る

宇宙論のこれから

写真・資料提供　国立天文台
編集・執筆協力　㈱オリンポス
本文イラスト　㈱エム・エー・ディー

1章

ハイテク望遠鏡が開く新たな宇宙の世界

◎イントロダクション

「タイムマシンは実現不可能である。なぜなら、もし将来タイムマシンが発明されるとしたら、現代は未来からタイムマシンでやって来た観光客で溢れているに違いないからだ」

現代の天才物理学者として名高いホーキング博士のこの言葉には、なるほどと思いますが、時間旅行の夢が破れてがっかりしてしまいますね。

しかし、私たちは簡単に過去に旅する方法を知っています。望遠鏡を覗けば良いのです。私たちが一〇〇億光年の彼方の銀河に視線を向けるとき、今目にした光は一〇〇億年前に銀河から放たれたもの、すなわち銀河の過去の姿を映したものです。つまり遠くの宇宙を見ると、過去の宇宙が見えるのです。

1章では、日本が誇る「すばる望遠鏡」など最新の巨大望遠鏡、そして電波や赤外線、X線などを観測するハイテク望遠鏡のしくみを説明しながら、これらの望遠鏡が、私たちがまだ知らない宇宙の真の姿やその歴史を露にしていく最新事情を紹介しましょう。

世界最大の望遠鏡「すばる」誕生

◆すばる望遠鏡、ついにファーストライト！

一九九八年一二月、アメリカ・ハワイ島のマウナケア山頂に建設されていた日本の光学・赤外線望遠鏡「すばる」が、念願のファーストライトをおこないました。

ファーストライトとは、完成した望遠鏡に初めて星の光を通すこと、つまり記念すべき初観測のことです。すばる望遠鏡のファーストライトはまず、簡単なカメラを取り付けて機械的な調整をおこなうエンジニアリング・ファーストライトを九八年の一二月末から実施し、翌九九年一月に入って本格的な観測装置を設置して天文観測の性能を確認するアストロノミカル・ファーストライトが開始されました。ファーストライトは必ずしも一番初めの「一瞬」の観測のみを意味するものではなく、望遠鏡の完成直後におこなう一連の観測全体を指すこともあります。

すばる望遠鏡がファーストライトで写し出した土星や木星、そして数々の星や銀河の美しい映像を、テレビのニュースやインターネットなどで目にされた方も多いでしょう。期待の大型新人のデビュー戦という感じで、設計された能力の全てが発揮されたわけではありませんが、それでもすばる望遠鏡は地上望遠鏡として世界のトップクラスの性能を持っていることが、このファーストライトで実証されたのです。

◆世界最大直径の一枚鏡を持つすばる望遠鏡

すばる望遠鏡は、日本の国立天文台が八年の歳月と四〇〇億円の建設費をかけて完成させた、新世代の巨大望遠鏡です。望遠鏡は、基本的には鏡の大きさ（望遠鏡の口径《こうけい》）が大きいほど、遠くにある星、暗い星を見ることができます。

すばる望遠鏡の鏡（主鏡《しゅきょう》）の直径は八・三メートル（有効口径八・二メート

すばる望遠鏡（望遠鏡本体）

<写真：国立天文台提供>

ル）ですが、これは一枚の鏡で作られたものとしては世界最大です。

こうした巨大望遠鏡が世界各国で建設ラッシュになったのは、一九九〇年代に入ってからです。一九四八年、アメリカ・カリフォルニア州のパロマ山天文台が、口径五メートルのヘール望遠鏡を作りました。この望遠鏡は、一九九〇年にマウナケア山頂に口径一〇メートルのケック望遠鏡ができるまで、半世紀近くに渡って世界最大の望遠鏡の座を占め続けました（なお、ケック望遠鏡は複数の鏡を組み合わせた主鏡を持つ望遠鏡です）。逆に言うと、口径五メートルを超える望遠鏡を作ることは、長い間技術的に困難だったのです。

◆ゆがまない巨大な鏡を作るには？

天体から放出された光は、宇宙空間を四方八方に広がって進んでいきます。遠くの星ほど光が広がるために暗くなり（距離が二倍になると明るさは四分の一になります）、また光がはるかな距離を渡ってくる途中でさまざまな障害物に遮られて失われていきます。ですから、非常に遠くにある星や銀河を観測しようとすれば、望遠鏡の鏡の直径を大きくして、多くの光を集めなければなりません。原理的には、二倍の直径の鏡（またはレンズ）を持つ望遠鏡は、二倍の距離だけ遠くの星の弱い光を集めて観測することができます。

しかし、大きな鏡を作ると、鏡は自分の重さによってゆがんでしまいます。ゆがめば鏡の焦点に狂いが生じるので、いくら多くの光を集めてもそれを一点に集められず、ピンぼけの像になってしまいます。大地などに鏡を固定してしまえばゆがみを抑えられるでしょうが、望遠鏡はさまざまな方角の空を向いて観測をおこなうために姿勢を変える必要がありますから、固定してしまうわけにもいかないのです。

口径五メートルのヘール望遠鏡は、鏡の厚さが六〇センチメートル、重さは何と二〇トン以上もあります。大きな直径の鏡を作ろうとすれば、ゆがみを抑えるために鏡の土台であるガラスを厚くしなければならず、どんどん重くなってしまいます。しかもそんな大きさの鏡を作るには、相当なお金と歳月がかかります。ヘール望遠鏡以上の大きさを持っていて、かつ、ゆがまない鏡を作ることは、二〇世紀の科学技術をもってしても非常に困難だったのです。

◆二人の天才が作った望遠鏡

ところで望遠鏡を使って初めて天体を観測したのは、地動説を唱えたイタリアの大科学者ガリレオです。オランダのある眼鏡屋が、凸《とつ》レンズと凹《おう》レンズを組み合わせると遠くのものが間近に見えることに気づいたという話を聞いたガリレオは、さっそく自分で二つのレンズを組み合わせた屈折望遠鏡を作りました。時は一六〇九年、今から約四〇〇年前のことです。口径わずか

屈折望遠鏡と反射望遠鏡の原理

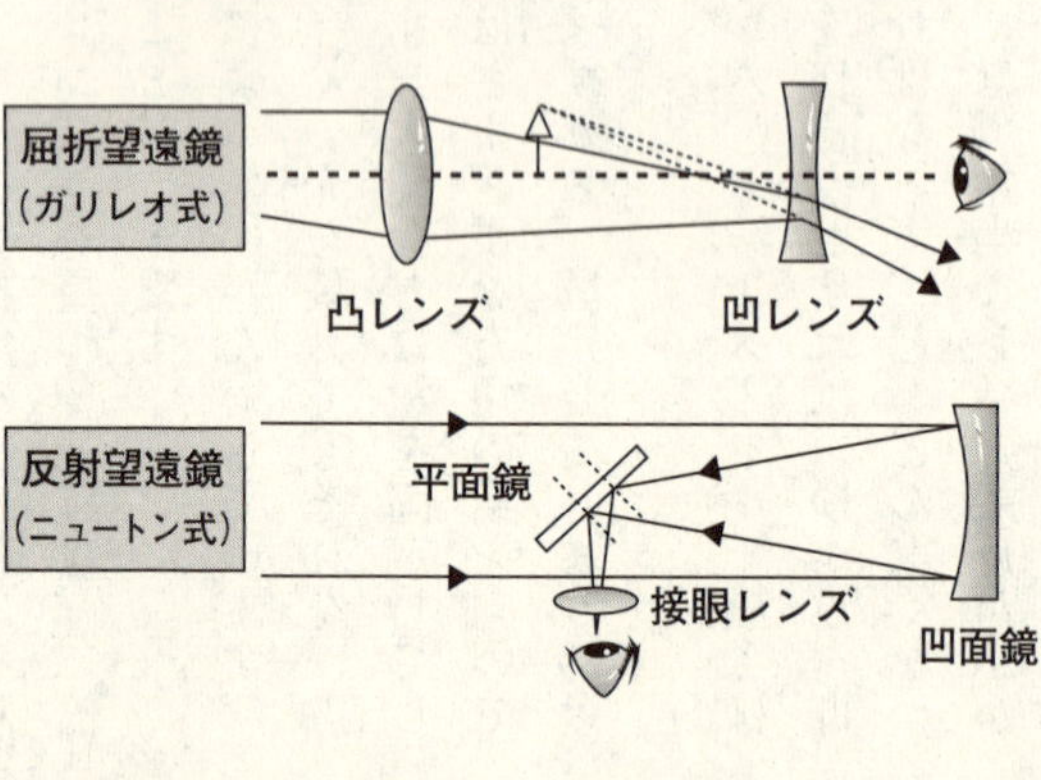

四～五センチメートルの望遠鏡を夜空に向けたガリレオは、月の表面のクレーターを観測し、土星の輪や木星の衛星を発見しました。肉眼ではうかがうことのできなかった宇宙の真の姿を、人類が初めて知った瞬間と言えるでしょう。

一方、望遠鏡のもう一つのタイプである**反射望遠鏡**は、これも偉大な科学者であるイギリスの**ニュートン**が発明したものです。屈折望遠鏡は凸レンズで天体の光を集めていましたが、反射望遠鏡は凹面鏡で光を集めます。ドイツの天文学者**ハーシェル**は口径二〇センチメートルの反射望遠鏡を用いて、土星の外側の軌道を回る太陽系の新たな惑星・天王星を一八七一年に発見しました。また天の川を観察して、私たちの太陽が属する多くの星々の集まり・天の川銀河の姿の想像図を初めて描きました。

◆巨大な望遠鏡が宇宙の真の姿を明らかにしてきた

こうして宇宙の観測が進み、遠くの星を見ようと望遠鏡の口径はどんどん大きくなっていきました。しかし、直径が一メートル近い凸レンズになると、非常に重くなり、レンズの周囲で全体の重さを支えることはできなくなってきました。そこで一九世紀の末から、反射望遠鏡が大きな望遠鏡の主流となりました。反射望遠鏡で使われる凹面鏡は、鏡の裏面全体から重さを支えられるので、凸レンズより大きな直径を実現することが可能なのです。

また屈折望遠鏡には**色収差**《いろしゅうさ》という問題がつきまといます。これは光がその色（波長）によってレンズでの屈折率が違うため、色ごとに焦点位置が異なり、その結果、星の像がぼけて見える現象ですが、レンズで光を集めない反射望遠鏡ではこの問題は発生しません。当初は金属の鏡を使っていたために、鏡の表面がすぐに酸化して反射率が悪くなり、研磨し直さなければならなかったのですが、一九世紀中頃にガラスの円盤を磨いた凹面鏡に銀メッキをする技術が開発されて問題が解消され、反射望遠鏡は急速に普及していきました。

一九二九年、アメリカの天文学者**ハッブル**は当時世界最大の望遠鏡だったアメリカのウィルソン山天文台の口径二・五メートルの反射望遠鏡を使って、さまざまな銀河を観測していました。そしてすべての銀河が私たちの天の川銀河から遠ざかっていることに気がつき、これは宇宙全体が膨張していることを意味するのだと考えました。

このように、大きな口径を持つ望遠鏡が作られるたびに、人類は宇宙の隠された真実を明らかにしていきましたが、望遠鏡の大きさとしてはヘール望遠鏡の口径五メートルが限界だと考えられていたのです。

◆鏡がゆがんだら補正してあげよう!

これを最初に打ち破ったのがアメリカのケック望遠鏡ですが、先にすばる望遠鏡のしくみについて説明しましょう。

すばる望遠鏡の主鏡は口径八・二メートルですが、その厚さはわずか二〇センチメートルです。口径五メートルのヘール望遠鏡の鏡の厚さが六〇センチメートルですから、その三分の一です。鏡の直径に対してこれほど厚みが薄いと、鏡はひどく変形してしまいますが、これを補うのが最新のハイテク技術です。

主鏡の裏面には、二六一本のアクチュエーターと呼ばれる「つっかえ棒」が取り付けられています。これは二三トンもある鏡の重量を支えつつ、コンピューターと連動していて鏡のゆがみ具合を感知し、モーターとバネによって自動的に伸び縮みしてゆがみを修正し、鏡の形を適正に保つのです。

つまり大きな鏡が自分の重さでゆがんでしまうことは避けられないので、ゆがみをその都度補正することで、すばる望遠鏡は従来の常識をくつがえす口径を実現することが可能になったのです。

ゆがみを後から補正できるものの、もともとの鏡は理想的な曲面に磨き上げられている必要があります。すばる望遠鏡の主鏡はアメリカ・ペンシルベニア州の山中の地下、石灰岩の鉱山の坑道跡を利用した施設で、四年間かけて表面を研磨されました。一〇ナノメートル（一ミリメートルの一〇万分の一）の精度で理想的な曲面を実現するには、道路を走る自動車の振動などの影響をまったく受けない、このような地中深い場所で研磨する必要があったのです。

こうして完成した巨大望遠鏡は、コンピューターで星の位置を入力すると、

すばる望遠鏡（望遠鏡本体）レイアウト

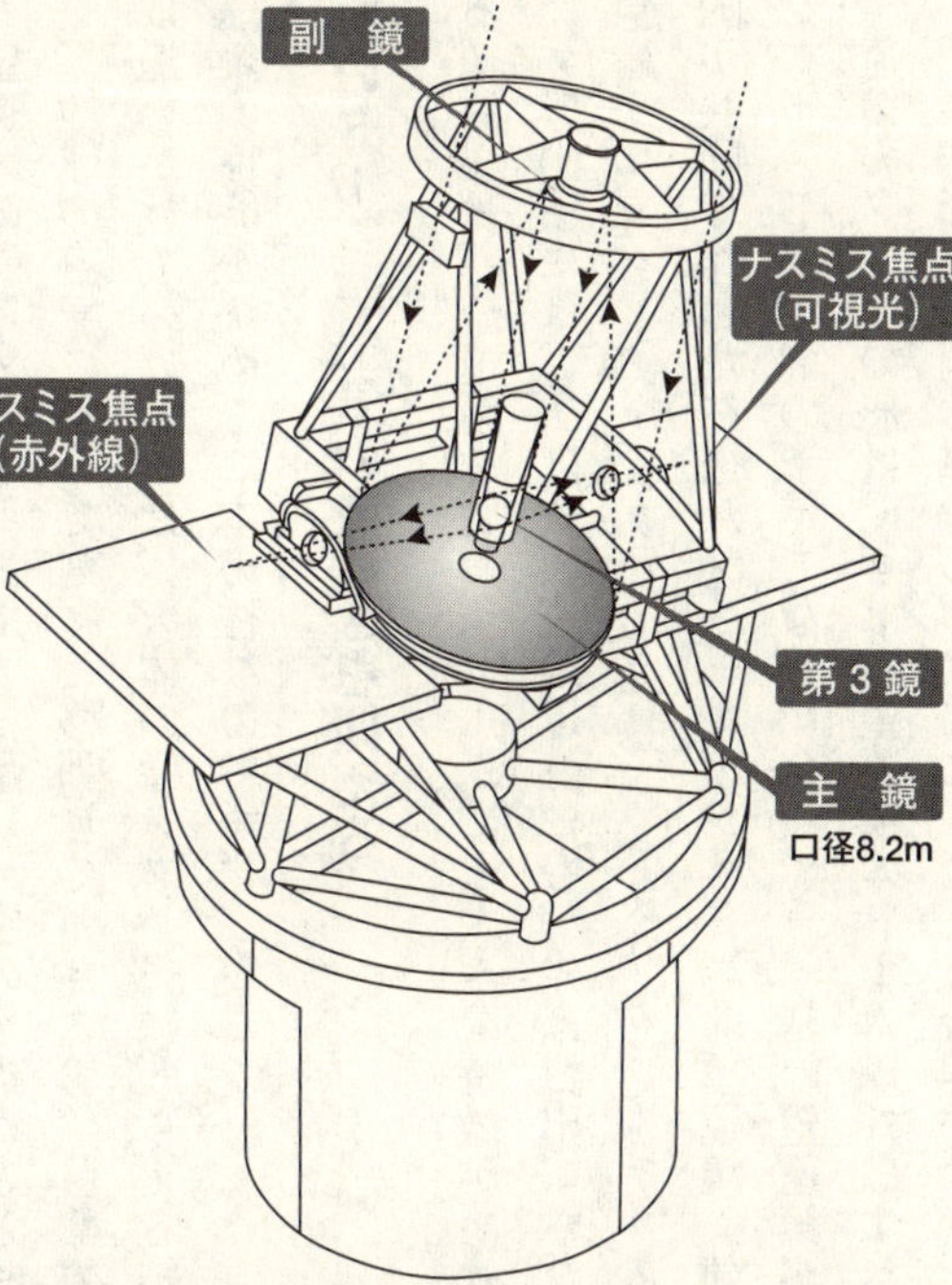

天体からの光は主鏡と副鏡で反射させたあと、第3鏡で左右いずれかの横方向に反射させて像を結ぶ。焦点（ナスミス焦点）には、可視光および赤外線の分光器を設置する。

＜資料：国立天文台提供＞

その方向に自動的に鏡面を向け、星の動きを追っていきます。この高追尾精度《こうついびせいど》もすばる望遠鏡の誇る大きな特徴です。星は天空の一点にとどまっているわけではなく、地球の自転によって刻々と移動していきます。目標の天体をどれだけ正確に追いかけていけるかは、天体の像をクリアにとらえる結像性能とともに、望遠鏡の性能を決める二本の柱なのです。

◆円筒形のドームが空気のゆらぎを抑える

すばる望遠鏡は、望遠鏡をおおうドームにも大きな特徴があります。マウナケア山頂には、すばる望遠鏡以外にも、先ほど出てきたアメリカのケック望遠鏡（ケックⅠ、ケックⅡの二基）、アメリカ、イギリス、カナダ、南米三ヶ国が共同で作った口径八メートルのジェミニ北望遠鏡（建設中、二〇〇〇年にファーストライトの予定）など、全部で一一基の望遠鏡があります。これらの望遠鏡のドームの形は、すばる望遠鏡のドーム以外はすべて半球形をしています。半球形が、雨や風をしのぐのにもっとも合理的なドームの形であると、長年考えられてきたからです。

ところで、天体観測の最大の敵は「空気の揺らぎ」です。風の強い夜に星がまたたいて見えるのは、星の光自体が明滅しているからではなく、地球の大気が揺らいでいるためです。空気が揺らぐと星の像もぼけてしまいます。いくら大きな口径の望遠鏡でわずかな星の光をキャッチしても、その像がぼやけてしまっては意味がありません。

地表近くの空気はかげろうを起こすことでわかるように温まりやすく、揺らぎが大きいのですが、研究の結果、半球形のドームは温かい地表付近の空気を巻き上げて、ドーム内の望遠鏡付近の空気が揺らいでしまうことがわかりました。これを抑えるために、**すばる望遠鏡のドームは円筒形**（ドラム缶を横から少し押しつぶしたような形）をしています。

また、ドームには四〇個以上の窓があり、ドーム内の温度や外部の風向きなどに応じて自動的に開閉するようになっています。ドーム内に暖かな空気がこもって揺らぎを起こすことを防ぐためです。

◆宇宙に一番近い山、ハワイ・マウナケア山

常夏《とこなつ》の島・ハワイの中で、唯一雪が降る場所、それがハワイ島のマウナケア山です。標高は四二〇五メートル、すなわち富士山より高いのです。冬には氷点下まで気温が下がるこの場所は、南アメリカ・チリのアンデス山脈、アフリカ北西岸寄りの大西洋上のカナリア諸島の山々などと並ぶ、天体観測のメッカなのです。

天体観測に適した場所の条件としては、空気がきれいで揺らぎが少なく、また乾燥していること、周囲に人工の照明がなくて夜空が暗いこと、晴天が多いことなどがあります。こうした場所は文明の発達した地球上にあまり残されていません。南極は冬には太陽が昇らずに晴れた日も多いという絶好の場所ですが、交通の便があまりに悪いことなどから、現在はまだ天文台は作られていません。

マウナケア山頂は、空気が乾いて安定しており、年間の九割近い夜が晴れ渡

すばる望遠鏡ドーム

ファーストライト直後のすばるドーム
（周囲には雪が積もっている）

ハワイ・マウナケア山頂の巨大望遠鏡群
（左端がすばるドーム）

＜写真：国立天文台提供＞

り、人家からも遠くて人工の光もないという絶好の場所です。そこでハワイ大学がハワイ州から山頂の一部を借りて科学保護地区とし、アメリカ、イギリス、フランスなど世界各国から大型望遠鏡の設置を受け入れています。

頂上に一一個の望遠鏡ドームが建ち並び、標高二八〇〇メートル地点には各国が利用できる中間施設も用意された**マウナケア山一帯は、まさに地上で一番宇宙に近い場所となっているのです。**

◆小さな鏡を組み合わせたケック望遠鏡

マウナケア山頂ですばる望遠鏡の隣に並んで建っているのが、世界最大口径の望遠鏡である**ケック望遠鏡**です。ケックⅠとケックⅡの二基があり、まったく同じ設計になっています。

ケック望遠鏡の鏡は、直径一・八メートルの六角形の鏡をちょうど蜂の巣のように三六枚組み合わせることで、口径一〇メートルの望遠鏡と同じ性能を発揮できるようになっています。これはマルチミラー望遠鏡と呼ばれるタイプのハイテク望遠鏡です。

小さな鏡の一枚の重さは四〇〇キログラムほどなので、ゆがみはさほど発生しません。こうした小さな鏡を組み合わせる技術を開発したことで、不可能と考えられていた口径五メートル以上の望遠鏡の建設に初めて成功することができたのです。

ケック望遠鏡は、ハッブル宇宙望遠鏡（後述）との連携などによって、はるか彼方の天体の光をとらえることに次々と成功しています。その成果の一つは、クェーサーからの光を分析して、宇宙にどんな元素があるかを調べるというものです。クェーサーは宇宙のはるか彼方、一〇〇億光年以上も先にある銀河の中心にひそむ巨大なブラックホールだと考えられています。非常に激しい活動をしていて、通常の銀河の一〇〇倍ものエネルギーを放出しています。

クェーサーから出た光は、一〇〇億年もの間、いくつもの銀河の端や宇宙空間にただようガスを通り抜けながら走り続け、ようやく今私たちのところへたどり着いたことになります。この光の波長を調べることで、どんな元素が存在している場所を光が通過してきたか、つまり宇宙にはどんな物質が存在しているのかがわかるのです。

◆すばる望遠鏡がかつての宇宙の姿を明らかにする

すばる望遠鏡は各種のテストや調整を進めながら、その性能をフルに発揮することが目指されています。また、すばる望遠鏡のもう一つの大きな武器である**補償光学システム**の開発・導入も進められています。これは地球の大気の揺らぎ具合を検知して、その影響分を考慮して鏡面を変形させることでシャープな天体の像を得る最先端のシステムです。これによって、あたかも大気のない宇宙空間で撮ったような鮮明な画像が得られるのです。

このようなハイテク望遠鏡すばるは、遠方の宇宙を観測することで、生まれて間もない過去の宇宙の姿を明らかにすることが期待されています。

遠くの宇宙を見ることは、じつは過去の宇宙を見ることなのです。私たちが一〇〇億光年の彼方にある銀河を見た場合、それは今から一〇〇億年前の銀河の姿を見ていることになります。一〇〇億年前にその銀河を出た光が、一〇〇億年もの間宇宙を旅して、ようやく今私たちのもとに届いているのです。

つまり遠くの宇宙を見ることで、私たちは過去の宇宙の姿を直接見ることができます。タイムマシンを作って過去の世界を訪問することは不可能と考えられていますが、望遠鏡を覗くことで過去の宇宙の様子をこの目で見ることはできるわけです。

すばる望遠鏡を使ったはるか彼方の宇宙の観測により、およそ一四〇億年前に火の玉から始まったとされるかつ

100億年かけてやってきた光

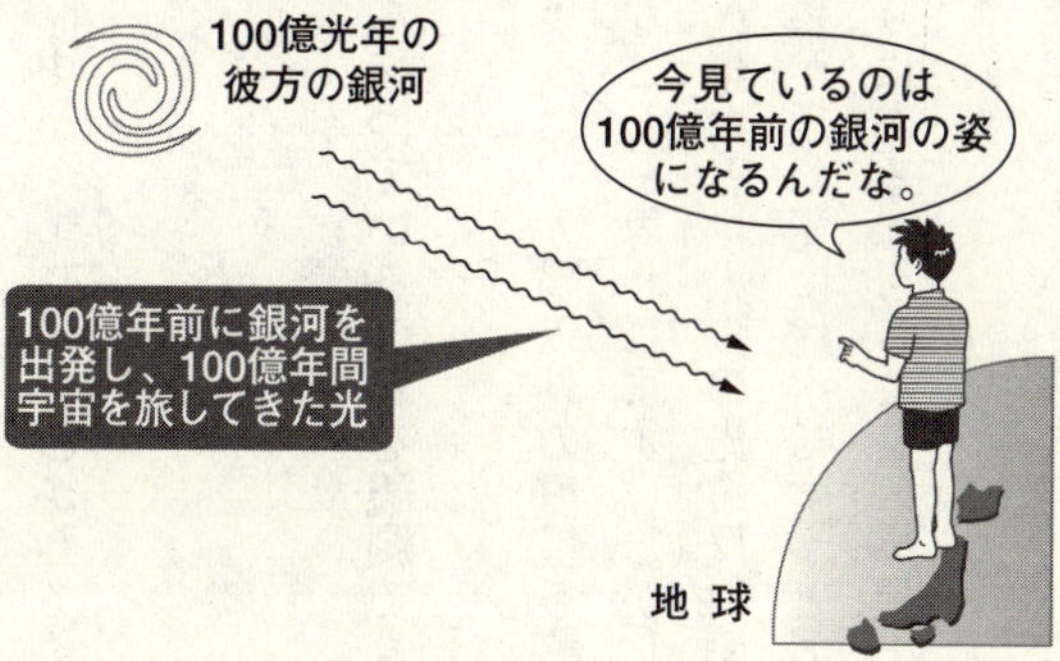
100億光年の
彼方の銀河
今見ているのは
100億年前の銀河の姿
になるんだな。
100億年前に銀河を
出発し、100億年間
宇宙を旅してきた光
地球

ての宇宙はどんな状態だったのか、そして宇宙の中で星や銀河がいつ生まれて、どのように成長してきたかといった宇宙の歴史が、より深くわかってくるものと考えられています。

◆太陽系以外の惑星が見つかる?

またすばる望遠鏡は、太陽以外の恒星も惑星を持っていることを観測できるのではないかと言われています。

太陽のまわりを地球などの惑星が回っているように、太陽以外の恒星も惑星を従えているのではないかと考えるのは、自然なことと思われます。しかし惑星は恒星と違って自ら光を放ちません。金星や火星などは太陽の光を反射することで姿を見ることができますが、その光は恒星が放つ光に比べてずっと弱いものです。したがって、遠く離れた恒星のまわりにあるかもしれない惑星の姿を直接観測することは、非常に困難です。

じつは一九九五年以来、太陽系以外の惑星を発見したという報告が、いくつもなされています。しかしこれらは、惑星の光を直接観察したのではありません。いくつかの恒星がわずかに振動しているように見えることから、恒星の周囲に惑星が存在することを間接的に推測したのです（惑星が恒星のまわりを回るのは、恒星の重力に引かれているためですが、同様に恒星も惑星の重力によってごくわずかに位置を変えます）。したがって、太陽系以外の惑星を実際に「見た」わけではなく、いわば状況証拠にとどまっている形です。

太陽系以外にも惑星があれば、中には地球と同じような環境の惑星もあり、そこに生命が存在している可能性も出てきます。すばる望遠鏡は、こうした太陽系外惑星などの微光天体を発見・観測することも期待されているのです。

電波で宇宙を観測する

◆望遠鏡は「光」を見るだけではない？

すばる望遠鏡やケック望遠鏡以外にも、世界各地にさまざまな巨大望遠鏡があり、これからも建設が予定されています。また、ハッブル宇宙望遠鏡のような「空飛ぶ望遠鏡」もあります。

これまで説明したとおり、巨大望遠鏡は望遠鏡の口径を大きくすることで、人間の目には暗くて見えない遠くの天体からのわずかな光を捉えることができるようになりました。しかしハイテク望遠鏡は、通常の「光」だけを見ているのではありません。人間の目には決して見えない「光」までも、最新の技術で見ることが可能になったのです。

たとえば、すばる望遠鏡は「光学・赤外線望遠鏡」と呼ばれています。これは、私たちの目に見える通常の光（可視光《かしこう》）と、私たちの目には感知されない赤外線の両方を検出する望遠鏡ということを意味しています。

◆目に見えない光とは

電磁波という言葉を聞かれたことがあると思います。レントゲン写真に使われる**X線**、日焼けを起こす**紫外線**、目に見える**光（可視光）**、コタツでおなじみの**赤外線**、電子レンジに使われる**マイクロ波**、テレビやラジオの**電波**……**これらはみな電磁波という、空間を伝わる電気と磁気の波です**。同じ電磁波の中で、波長（波一つの長さ）の違いによって分類され、名前がつけられています。そして可視光だけが人間の目に見えます。したがって**可視光以外の電磁波は「目に見えない光」と言えるでしょう**。

初めて「見えない光」の存在に気づいたのは、二七ページで登場したハーシエルです。彼はプリズムで七色に分けられた太陽の光の温度を測り、赤い光の外側の、光が来ていないように見える部分がもっとも高い温度になっていることを知りました。プリズムは光を波長ごとに分けます。赤い光は波長が長く、橙、黄、緑、青、紫の順に波長が短くなっています。赤い光よりさらに長い波長の赤外線は、目に見ることはできませんが、物質の温度に関係の深い電磁波なのです。

ちなみに赤外線コタツからは赤い色の光が見えますが、これは赤外線に混じって赤い色の可視光が出ているためです。昔、赤外線だけを出す真っ暗なコタツ（性能には問題ありません）が初めて登場したとき、売れ行きが悪かったのですが、あるメーカーが電球を

電磁波の波長と名前

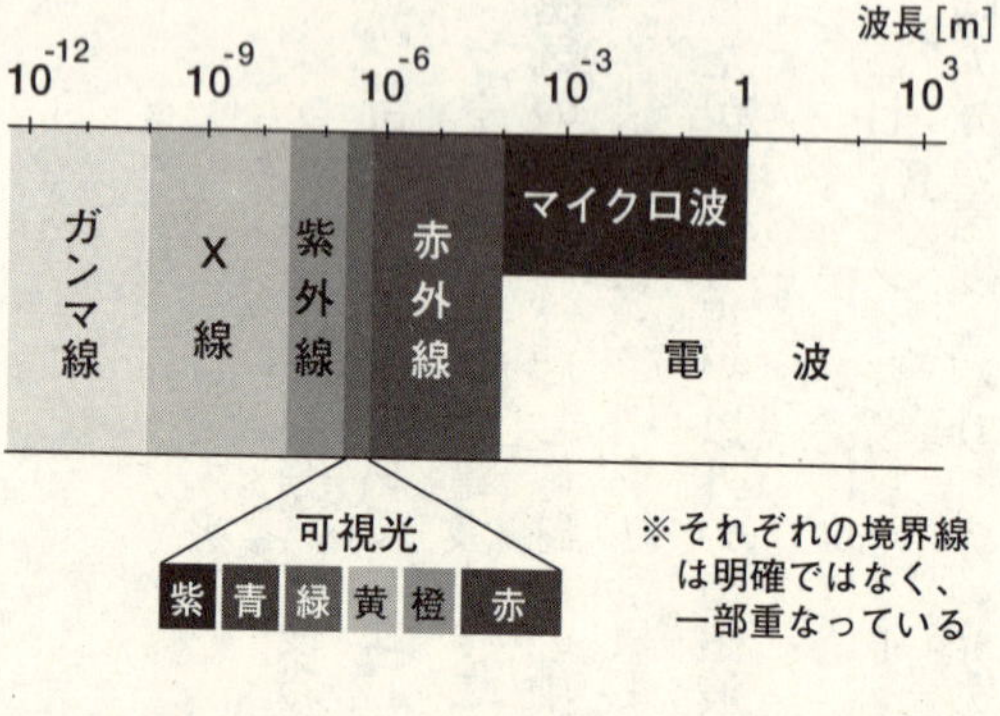

※それぞれの境界線は明確ではなく、一部重なっている

赤く着色して発売したところ「暖かそう」ということで人気が出たという話もあります。

◆宇宙からはさまざまな電磁波がやって来る

電磁波の存在が確認されたのは一九世紀末のことです。イギリスの物理学者マクスウェルによって理論的に予言された電磁波は、ドイツの物理学者ヘルツの実験で人工的に作り出すことに成功し、その存在が確かめられました。当初電磁波は人類の役に立つ実用的なものではないとも考えられたそうですが、イタリアの電気技師マルコーニは、電磁波の一種である電波を使って、一九〇一年に大西洋を越える無線通信に成功しました。電波技術の発達が人間の情報通信手段の発展に大きく寄与したことは、言うまでもありません。

さて、一九世紀まで天体の観測はもっぱら光（可視光）のみを手段としておこなわれてきました。宇宙からはガンマ線（X線よりさらに波長の短い電磁波）から電波まで、さまざまな電磁波が地球に降り注いでいます。しかし可視光以外の電磁波は人間の目で感知できず、また可視光、近赤外線《きんせきがいせん》(波長の短い赤外線)、一部の波長帯の電波以外は、地球の大気に吸収されてしまうために、地上では観測できないのです。

一九三一年、アメリカの電気技師ジャンスキーは、無線通信に雑音電波が混ざる原因を調査していました。そしてこの電波は、いつも天の川のいて(射手)座の方角からやって来ることを突き止めました。ジャンスキーが見つけたものは、天の川銀河の中心方向からやって来る電波であり、地球には宇宙からの可視光だけでなく電波も降り注いでいることが初めて確認されたのです。

◆宇宙からの電波を観測する電波望遠鏡

先ほども話したとおり、電波は電磁波の中でもっとも波長の長いものです。宇宙からやって来る電波を観測するには電波望遠鏡が用いられます。

電波望遠鏡は、衛星放送の受信に使うパラボラアンテナのような形をしています。しかし宇宙からの電波は非常に微弱で、テレビやラジオの電波の一〇億分の一ほどの強さしかありません。ですから電波をキャッチするアンテナの直径をできるだけ大きくする必要があります。

長野県野辺山《のべやま》高原には、国立天文台が作った直径四五メートルの電波望遠鏡があります。世界には直径一〇〇メートル以上の電波望遠鏡もあります。カリブ海に浮かぶ島・プエルトリコにあるアレシボ望遠鏡は、自然の谷の地形をそのまま利用した直径三〇〇メートルものパラボラアンテナを持ち、数々の重要な発見をしています。

しかしこれほど大きなパラボラアンテナでも、電波は波長が長いために十分な分解能《ぶんかいのう》を得ることが難しいのです。

◆望遠鏡の性能を表す「分解能」とは

「分解能」という言葉が出てきましたが、これは観測する対象の構造を、どれだけ細かい部分まで見分ける能力を持っているかを示す数字です。

何光年（一光年は約一〇兆キロメートル）も離れている一つの星であって

も、宇宙のはるか彼方から見ればごく近くに見えたり、ほとんどくっついて見分けがつかなくなったりします。地球から見た宇宙の二点間の距離は、どれだけの角度離れて見えるかで表現します。

角度の単位は、度、分、秒の順番に小さくなり、一度は六〇分、一分は六〇秒です。地球から約三八万キロメートルの距離にある月の直径（三四七六キロメートル）は、約三〇分（〇・五度）の角度に見えます。一秒角というと、一キロメートル先にあるわずか五ミリメートルの物体の大きさに当たる角度で、この長さを識別できる望遠鏡は「一秒角の分解能を持つ」ことになります。

さて、望遠鏡の分解能は基本的に「観測している電磁波の波長÷望遠鏡の口径」で決まります。つまり**望遠鏡の口径が大きいほど、また観測する電磁波の波長が短いほど、高い分解能を持てる**のです。すばる望遠鏡は、補償光学システム（三八ページ参照）の稼働後は〇・一秒角（赤外線観測の場合で）を楽に切る高分解能を実現できます。

ところで、電波の波長は可視光よりずっと長く、一万倍以上もあります。電波は波長の長い電磁波なので、電波を観測する場合の分解能は非常に低くなります。世界で最初に作られた口径七六メートルの大型電波望遠鏡の分解能は、約一度角というものでした。これでは太陽や月の大きささえ見分けることができないのです。

したがってすばる望遠鏡と同じ分解能を持つ電波望遠鏡を作るならば、すばる望遠鏡の口径の一万倍、つまり八〇キロメートルもの超巨大なパラボラアンテナが必要になります。そんなアンテナは絶対に作れないと思うかもしれませんね。

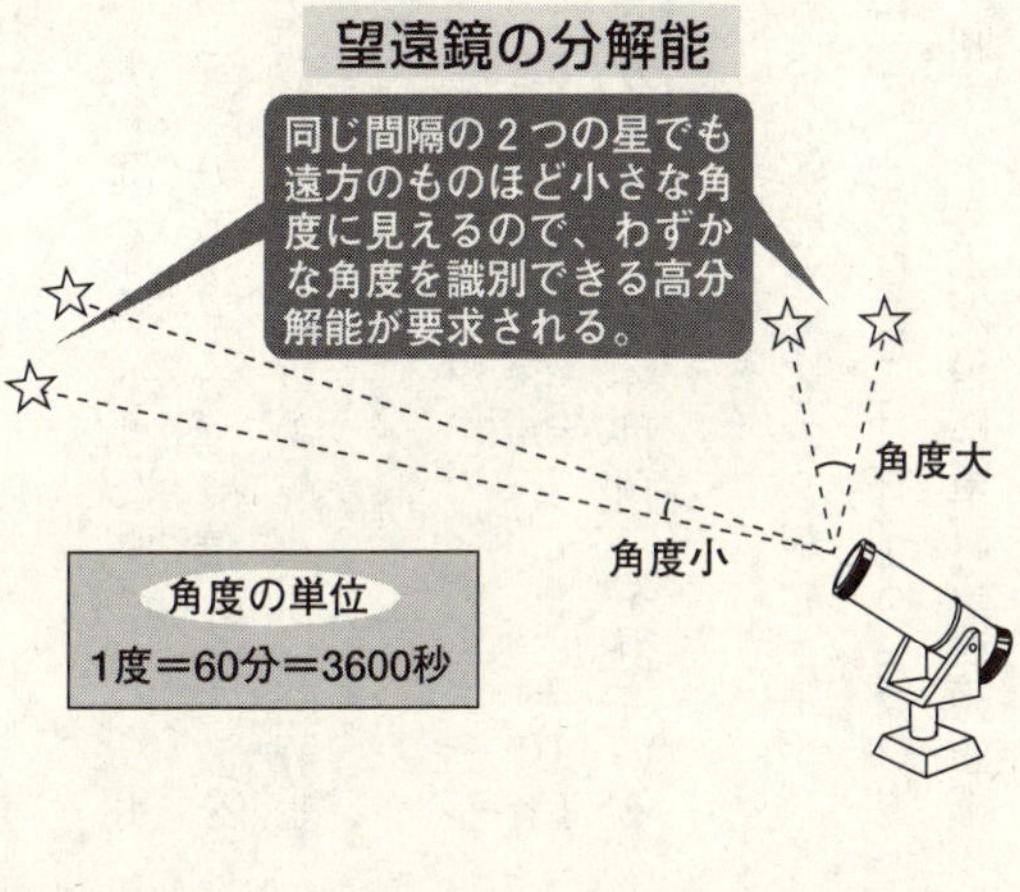
望遠鏡の分解能
同じ間隔の２つの星でも遠方のものほど小さな角度に見えるので、わずかな角度を識別できる高分解能が要求される。
角度大
角度小
角度の単位
1度＝60分＝3600秒

◆地球より大きな口径の電波望遠鏡が作れる！

ところが、それを解決する方法があるのです。例えば、小さな直径のパラボラアンテナを一キロメートル離して設置し、二つのアンテナで受信した電波をコンピュータで合成させると、口径一キロメートルの電波望遠鏡と同じ分解能を実現できるのです。この装置を**電波干渉計**《でんぱかんしょうけい》と言います。

アメリカのＶＬＡ望遠鏡は、直径二五メートルのパラボラアンテナ二七基を、半径二〇キロメートルの円の中にＹ字形に配置しています。これにより口径二〇キロメートルの電波望遠鏡に匹敵する分解能（〇・一秒角）を得ているのです。

アンテナの間の距離を離せば離すほど、高い分解能を得ることができます。地球規模の電波干渉計をＶＬＢＩ（Very Long Baseline Interferometer 超長基線電波干渉計）と言います。地球を周回する人工衛星に電波望遠鏡を積み、地上の電波望遠鏡と電波を干渉させれば、地球の直径（約一万三千キロメートル）をはるかにしのぐ口径の電波望遠鏡さえ実現できるのです。

日本が一九九七年に打ち上げた**電波天文衛星「はるか」**は、地上の二基の電波望遠鏡と干渉させることで、口径三万キロメートルの電波望遠鏡と同じ性能を得ることができます。その分解能は最高一万分の一秒角で、これは地球から約三八万キロメートル離れた月に置いた二〇センチメートルの物体を見分けることができるという、すばらしい性能です。

◆光が通らない部分を電波で見通す

よく「宇宙空間は真空である」と言われます。真空というと物質が何もないように思えますが、実際には天の川銀河の星と星の間には、**星間物質**《せいかんぶっしつ》と呼ばれるガスやチリがたくさん存在しています。これらのガスやチリは、星を作る材料となるものです。たくさんあるとは言っても、銀河があまりに広大であるために、密度としては非常に希薄であり、結果的にほとんど真空の状態になってしまうのです。

銀河の中心部分は星や星間物質が密集しています。しかし星間物質は可視光を遮ってしまうので、銀河の中心部分は真っ暗に見えます。夏の天の川の「川」が二股に分かれた暗い部分が天の川銀河の中心方向です。

　しかし銀河の中心からは可視光だけでなく強い電波も出ています。これは高いエネルギーを持った荷電粒子《かでんりゅうし》（電気を帯びた粒子）が強い磁場の影響で電波を放出するものです。この電波は星間物質を通り抜けられます。光は星間物質中の小さなチリに当たると散乱されて直進できないのですが、電波は

天の川からやって来る電波

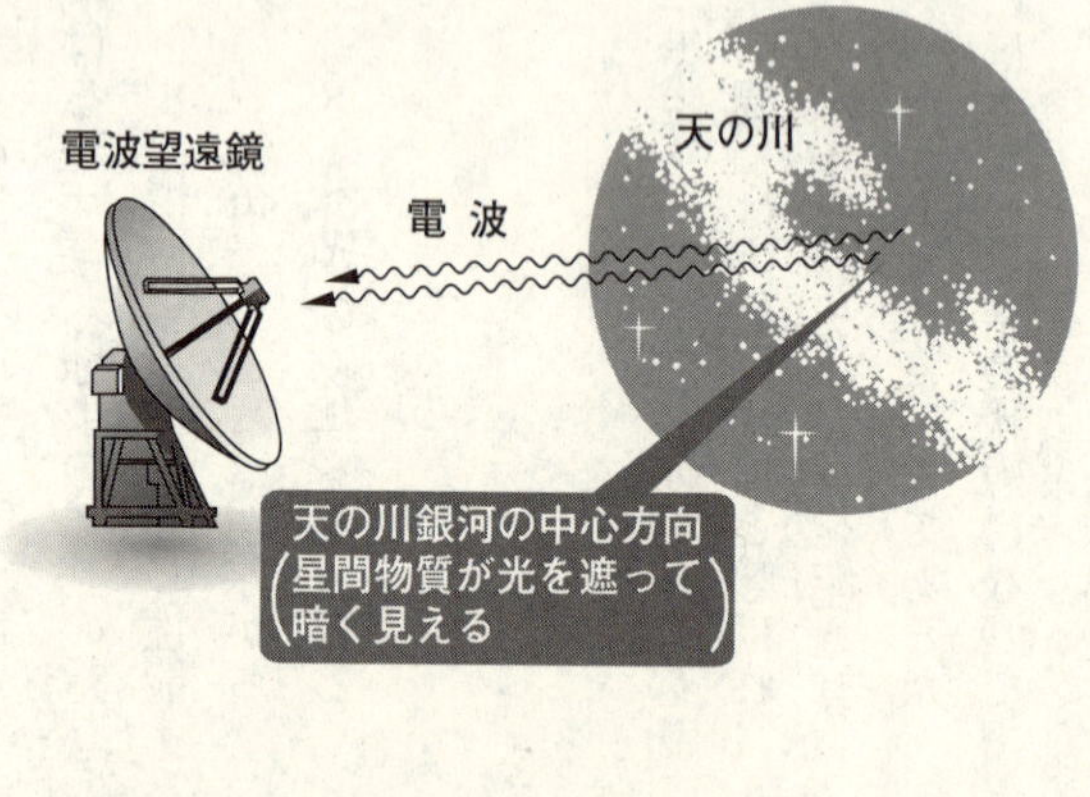

あまり散乱されずに進めるのです。したがって電波を観測することで、光が遮られている銀河の中心部分の様子を知ることができるのです。

また低温の水素原子は波長二一センチメートルの電波を出すことが知られていましたが、電波望遠鏡の観測により、宇宙のいたるところに水素原子のガスがあることがわかりました。同じように暗黒星雲（一二六ページで詳しく触れます）の中には、水素分子や一酸化炭素などのさまざまな星間分子でできたガスが存在することが、それらの分子が出す電波により発見されました。これにより、何もない暗闇だと思われていた暗黒星雲が、じつは星が新たに生まれようとしている領域であることがわかったのです。

他にも、通信電波のように一定周期で電波を出すパルサーという星も見つかりました。この詳しい話も後の章で紹介します。

◆COBEがつかまえた宇宙の電波のムラ

宇宙からの電波は、ある星雲や銀河からやって来るものだけではありません。じつは、**宇宙は四方八方からやって来る電波で満ちているのです。**

一九八九年にＮＡＳＡ《ナサ》（アメリカ航空宇宙局）が打ち上げたＣＯＢＥ《コービー》は、**宇宙背景放射**という電波を調べる探査衛星です。ＣＯＢＥはCosmic Background Explorerの略称で、一ミクロン（一〇〇〇分の一ミリメートル）の波長の赤外線から一センチメートルの波長の電波までを観測することができます。

宇宙背景放射とは、宇宙のあらゆる方向からやってくる波長二ミリメートルほどの電波のことです。宇宙は超高温高熱の火の玉のような状態から始まって膨張を続けてきたというのが、現在の宇宙論の標準理論であるビッグバン理論ですが、その証拠の一つが、宇宙背景放射の存在です。かつて宇宙の温度が四〇〇〇度あった頃に発生した光は、宇宙の膨張とともに温度が下がって波長も引き伸ばされ、現在は約三Ｋ《ケルビン》の電波となって宇宙に満ちているのです。この宇宙背景放射は一九六五年に存在が確認されました（Ｋ《ケルビン》は絶対温度のこと。絶対温度〇Ｋは摂氏マイナス二七三度）。

一九九二年、ＣＯＢＥは宇宙背景放射にごくわずかに温度のムラ（すなわち

電波の波長の違い）があることを発見しました。その差は一〇万分の一Kという非常にわずかなもので、深さ一キロメートルの海に一センチメートルの波が立っている程度のデコボコ具合です。

しかしこれは大きな発見でした。**宇宙に銀河や銀河団（銀河の大集団）などが誕生するには、宇宙の初期にその種となるような密度のムラが必要だと考えられていました。**現在の宇宙に銀河などの物質がある部分と、何もない真空部分というムラがあるのですから、かつての宇宙にもムラがなければ「宇宙はある一点から始まり、それが膨張して現在の宇宙になった」と考えるビッグバン理論は成り立たないのです。そしてこの密度のムラは、初期の宇宙が急膨張する「インフレーション」によって仕込まれたとされていましたが、観測された温度のムラ（これが密度のムラに相当します）の様子は理論と見事に一致していました。つまりCOBEの発見は現在のビッグバン理論の正しさを証明し、インフレーション理論を大きく支持したのです。

さまざまな電磁波を観測する望遠鏡

◆遠方の銀河からやって来る赤外線

現代の天文学では、可視光や電波以外にも、さまざまな電磁波を使って宇宙の観測をおこなっています。

赤外線は可視光より波長が長い（電波よりは波長が短い）電磁波です。赤外線は遠方の銀河の観測に重要な役割を果たします。なぜなら、**遠方の銀河が可視光を放出していても、その光が宇宙空間を渡ってくる間に波長が引き伸ばされて、地球では赤外線として観測されるからです。**

近づいてくる消防車のサイレンが高い音に聞こえ、消防車が遠ざかるとサイレンが低い音に聞こえることはご存じでしょう。これは「ドップラー効果」というもので、音源が近づくと音の波長が短く圧縮されて高い音になり、反対に音源が遠ざかると音の波長が引き伸ばされて低い音に聞こえるのです。

音と同じことが、光などの電磁波でも起こります。二八ページで天文学者ハッブルが宇宙の膨張によって銀河がすべて遠ざかるように観測されることを発見した話を紹介しました。遠ざかる銀河から出た光は、波長が引き伸ばされて観測されます。遠ざかる光源から出た光や電磁波の波長が、もともとの波長より長くなって観測される現象を、可視光の中で赤い光は波長が長いことから**赤方偏移**《せきほうへんい》と言います。遠くの銀河ほど高速で遠ざかるために、波長

銀河の光の波長が伸び縮みする

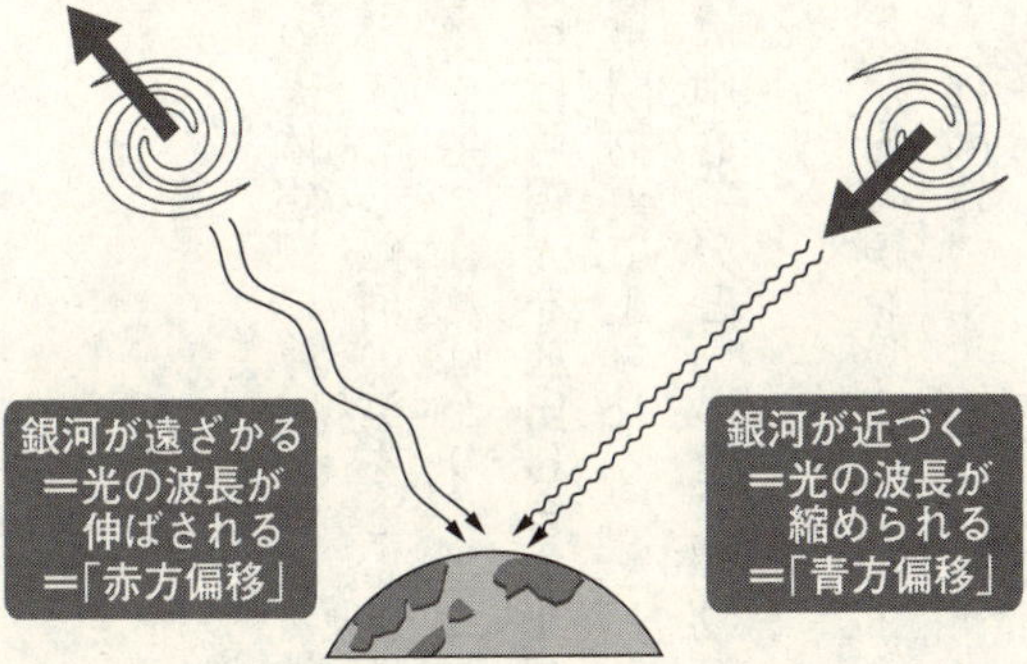
銀河が遠ざかる
＝光の波長が
伸ばされる
＝「赤方偏移」
銀河が近づく
＝光の波長が
縮められる
＝「青方偏移」

が引き伸ばされる度合が大きく、もともと可視光であったものが地球では赤外線として観測されるのです。

◆赤外線で星の誕生の現場を探る

すばる望遠鏡は、可視光のほかに赤外線領域での天体観測に非常に優れた性能を発揮できる設計になっています。これにより、遠くの銀河の姿をとらえることが可能になるのです。赤外線はまた、暗黒星雲や生まれたばかりの星（原始星）からもやってきます。**恒星のような高温の星は可視光を放出しますが、低温の星や星雲は赤外線を出すのです。**赤外線は星間物質に遮られることが少ないので、星が作られようとしている場所や銀河の中心部分といった星間物質の多い場所を見通して、その様子を探ることができます。

このように重要な赤外線ですが、大気中の水蒸気が赤外線を吸収してしまうため、宇宙からの赤外線を地上でキャッチすることは困難です。そのため、マウナケア山頂のような乾いた高山の上で観測したり、ジャンボジェット機を改造したものに赤外線望遠鏡を積んで、高度一万メートル以上の上空で観測をおこないます。

赤外線を観測する赤外線天文衛星も打ち上げられています。ESA（ヨーロッパ宇宙機関）が一九八三年に打ち上げた赤外線天文衛星IRAS《アイラス》は、銀河の中で大量の星が一度に生まれるスターバーストという現象を、銀河から莫大な量の赤外線が放射されていることを観測することにより発見しました。

◆空飛ぶ天文台・ハッブル宇宙望遠鏡

ハッブル宇宙望遠鏡は、一九九〇年にNASAがスペースシャトルを使って打ち上げた、高度六〇〇キロメートルの上空を回る望遠鏡です。可視光、赤外線、そして紫外線と幅広い波長域での観測が可能です。

すばる望遠鏡の話の際にも触れましたが、宇宙観測の最大の障害は地球の大気です。大気中のチリ・ホコリや、大気の揺らぎによって、地上の望遠鏡は鮮明な天体の像をとらえることができなくなります。大気の影響のない宇宙空間であれば、地上よりずっとクリアな天体の像を得ることができます。

ハッブル宇宙望遠鏡の口径は二・四メートルと、地上の巨大望遠鏡に比べればずっと小さいものです。しかしその分解能は〇・〇二秒角で、二八等級の天体（肉眼で見える星の一兆分の一の、さらに一〇万分の一の暗さ）まで観測することができます。ハッブル望遠鏡が写した鮮明な宇宙の写真を、皆さんもニュースや写真集などで目にしたことがあるでしょう。

ハッブル望遠鏡の使命の一つは、宇宙の膨張率を正確に測定することで

す。宇宙が膨張していることを明らかにした天文学者ハッブルにちなんだ名前はそのためです。

ハッブル望遠鏡は普通の人工衛星よりずっと低い高度を周回しているため、スペースシャトルを使って修理をおこなったり、後から新しい装置を取り付けることが可能です。打ち上げ当初、望遠鏡の主鏡の調子が悪くてピントがぼけた写真しか撮れませんでしたが、一九九四年にスペースシャトルの宇宙飛行士がコンタクトレンズのような役割を果たす補正鏡を取り付ける修理をおこない、それ以降「もっとも遠い銀河」の観測記録を次々に更新するなど、画期的な成果を挙げ続けています。

ハッブル望遠鏡の目覚ましい活躍によって、当初次の宇宙望遠鏡は作らないと言っていたNASAも、次世代の宇宙望遠鏡の検討に入っています。

◆X線がブラックホールを発見した！

紫外線、X線、ガンマ線などは、可視光より波長の短い電磁波です。電磁波は波長が短いほど強いエネルギーを持っています。紫外線が皮膚の日焼けを引き起こしたり、X線を大量に浴びると人体に悪影響があるのは、物質に働きかけるエネルギーがそれだけ大きいからです。

これらの電磁波は、地球に大量に降り注いでいますが、**大気のオゾン層に吸収されるために、可視光に近い波長を持つ一部の紫外線以外は地表にたどり着くことができません。**地球の生物を高エネルギーの電磁波から守ってきたこのオゾン層が、フロンガスなどによって破壊が進んでいる問題は皆さんもよくご存じでしょう。

大気で守られているために、人類はX線が地球にやって来ていることを知りませんでした。しかし一九六二年、大気圏外に出たロケットが、宇宙のあちこちから大量のX線がやって来ていることを発見しました。それ以降、ロケットなどを使って宇宙からのX線を観測する天文学がスタートしました。

X線を出す天体として有名なのは、**ブラックホール**です。ブラックホールは巨大な重力であらゆるものを飲み込み、光さえも脱出できないため、その存在を直接確かめることはできません。しかし付近にガスを出している天体があると、ブラックホールに吸い込まれるガスが数百万度という超高温になってX線を出すので、それを観測することで間接的にブラックホールの存在を知ることができます。また、銀河の中心核や銀河団からもX線が出ていることが確認されています。

日本はX線天文学において、世界をリードしています。宇宙にはX線背景放射と呼ばれるX線が満ちているのですが、日米共同で打ち上げられたX線天文衛星「あすか」は、X線背景放射の発生源の三〇パーセントは、数十億〜一〇〇億光年先の銀河団として説明できることを明らかにしました。この成果は宇宙や銀河の歴史を解明するのに大いに役立つことが期待されています。

◆最強のガンマ線を出す天体の正体は？

ガンマ線は電磁波の中でもっとも波長が短く、もっともエネルギーが高いものです。そうしたガンマ線を放出する天体は、非常に激しい活動をしていると考えられています。

宇宙の一角で、突然強力なガンマ線の放射が発生することがあります。これを**ガンマ線バースト**と呼びます。ガンマ線バーストはこれまでに一〇〇〇個以上観測されています。しかし何の前触れもなく突然起こり、数秒から数分という短い時間で終わってしまう上、ガンマ線検出器の分解能が低いため、その発生源の天体を特定することすらできませんでした。ガンマ線はエネルギーが高くてほとんどの物質を貫通するため、正確に反射・集光させることができず、検出器の分解能が低いのです。

一九九六年にオランダとイタリアが共同で打ち上げたX線観測衛星ベッポ・サックスは、従来より高性能のガンマ線検出器を搭載し、いくつかのガンマ線バーストの位置をかなり正確に測定しました。そしてガンマ線バーストの後の残光として放出されるX線や可視光、赤外線、電波などを「あすか」やケック望遠鏡などの地上の望遠鏡が観測することで、ガンマ線バーストの詳細がようやくわかってきました。

ガンマ線バーストの発生源の天体は、数十億光年から一〇〇億光年を超える非常に遠いところにあります。これだけ遠方の天体から強いガンマ線がやって来ることは、発生源の天体が莫大なエネルギーを放出していることを意味します。そのエネルギーを計算すると、私たちの太陽が生涯に放出するエネルギー（太陽の寿命は一〇〇億年程度と考えられています）の五〇倍にも達するのです。もしガンマ線バーストが天の川銀河の中で起きたら、夜空が明るくなるだろうと思われます。

ガンマ線バーストは宇宙の中で起こる最強の爆発だと言えますが、そのメカニズムはまだわかっておらず、さらなる研究が待たれるところです。

◆素粒子ニュートリノで星の大爆発の様子を知る

これまでさまざまな電磁波を観測する天文学を紹介しましたが、最新の天文学では電磁波以外のものを使って宇宙を観測することが可能になっています。

星（恒星）の中心部では、核融合反応（八二ページ参照）によって膨大なエネルギーが放出されています。この時発生する電磁波は、星の内部の物質と衝突して熱エネルギーに変化するために、電磁波は外部に放出されず、私たちはその様子をうかがい知ることができません。

ところで、核融合反応の際には**ニュートリノ**と呼ばれる素粒子《そりゅうし》も大量に発生・放出されます。素粒子は物質を構成する究極の微小粒子の総称です。ニュートリノの特徴は、物質透過性が非常に強いことで、例えば地球などは楽々と貫通してしまいます。つまり**星の内部で発生したニュートリノは、核融合反応の状況などの情報を損なうことなく、星の外部に放出されてくる**のです。このニュートリノを検出する天文学が、近年発達しています。

ニュートリノを検出する装置は、通常の望遠鏡ではなく、巨大な水槽です。岐阜県北部の神岡町にある神岡鉱山の廃坑、地下一〇〇〇メートルに、五万トンの純水を蓄えた円筒形の水槽が設置してあります。これが**スーパーカミオカンデ**です。物質透過性が強いニュートリノは、地球を通り抜けて地下一〇〇〇メートルの水槽にやって来て、さらに水槽も素通りしていきます。しかし何千兆個のニュートリノのうちのごく一部は水槽の水（正確には水分子を構成する水素の原子核中の陽子）と反応して、陽電子（プラスの電気を持つ電子）が生まれ、これが水中を走る時にチェレンコフ光と呼ばれる光を放ちます。この光を観測することで、ニュートリノを検出できるのです。

一九八七年、南半球から見える大マゼラン星雲で**超新星爆発**が起きました。超新星爆発は、太陽よりはるかに重い星が寿命を迎え、最後に大爆発を起こす現象です。この時、大量のニュートリノが放出されたのですが、初代

超新星爆発とニュートリノ

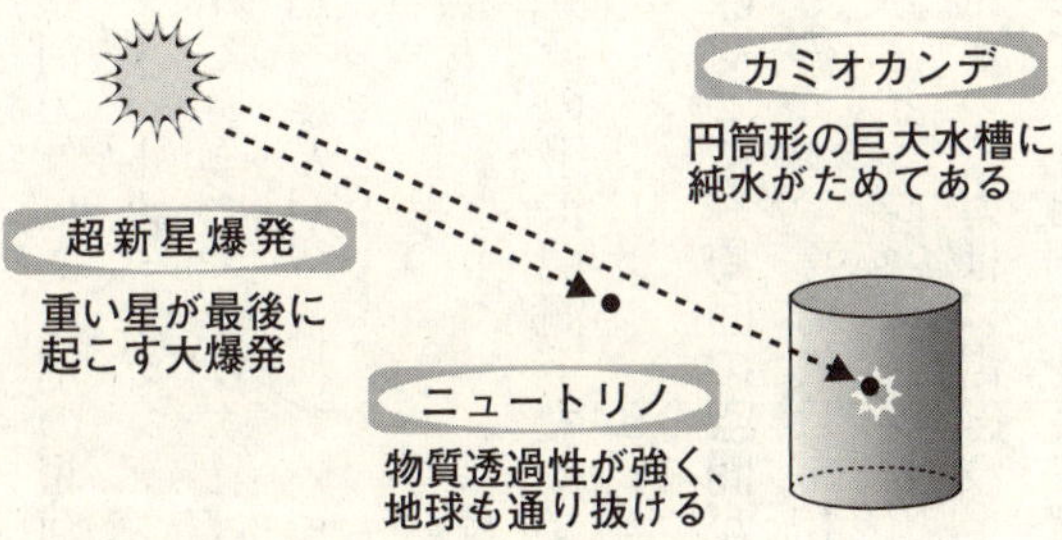
カミオカンデ
円筒形の巨大水槽に
純水がためてある
超新星爆発
重い星が最後に
起こす大爆発
ニュートリノ
物質透過性が強く、
地球も通り抜ける

器であるカミオカンデが一一個のニュートリノを検出しました。

大マゼラン星雲は私たち太陽系が属する天の川銀河の外にある別の銀河ですが、もし天の川銀河内で超新星爆発が起これば、スーパーカミオカンデで一万個程度のニュートリノが観測できるものと考えられています。そうすれば、超新星爆発のメカニズムなどがもっと詳しくわかるだろうと期待されています。

◆重力波は究極の宇宙観測手段？

まだ実用化されていませんが、もし実現したら究極の宇宙観測手段になるかもしれないものが、重力波《じゅうりょくは》による宇宙観測です。

重力波とは、巨大な星が超新星爆発を起こした際などに、周囲の空間がゆがみ、そのゆがみが波のように宇宙を伝わっていくものです。重力波は、相対性理論を唱えた二〇世紀最高の天才物理学者とされるアインシュタインが、相対性理論から導き出した予言の一つです。電気や磁気という力は、電磁波として伝わっていきますが、重力も空間のゆがみという形で、光と同じ速度で伝播していくと予想されたのです。

重い物質の周囲では、その空間がゆがんでしまうことが知られています。太陽ほどの巨大な質量（重さ）の物質のまわりでは、空間がゆがみ、そのため直進するはずの光の進路が曲げられます。日食の際、太陽のすぐそばに見える星は、通常の夜に見た場合と位置がずれて見えることが、実際に確認されています。

電磁波は他の物質とぶつかって変化したり失われてしまう恐れがありますが、重力波は何ものにも影響されずに、放出された状態のままやって来ます。こうした重力波を観測できれば、電磁波ではうまく観測できない超新星爆発や連星（非常に近くにあってお互いに相手のまわりを回っている星）の衝突の様子などがわかるだろうと考えられています。

重力波による空間のゆがみは、ごくごくわずかなものなので、まだ実際に観測されていません。アメリカ・ロサンゼルスに近いモハーベ砂漠に設置されたＬＩＧＯ《ライゴ》は、長さ四キロメートルもある二本の真空パイプの中にレーザー光を往復させています。重力波がやってくると空間がゆがみ、レーザー光が伸びたり縮んだりする様子を観測しようというものです。日本でもＴＡＭＡ３００というプロジェクトで三〇〇メートルの長さの重力波検出装置を建設中で、二〇〇〇年に完成予定となっています。

2章

母なる太陽と地球の兄弟たち

◎イントロダクション

小学校の理科の時間などで、太陽系の惑星を「水金地火木土天海冥」とそらんじた記憶は、誰にもあることでしょう。太陽系の星々は、私たちの星・地球の家族に当たる身近な存在だと言えます。

一九六〇年代以来、現在までに太陽系の天体を探査した探査機や人工衛星の数は、一二〇機にものぼります（打ち上げ失敗や周回軌道への投入に失敗したものなどは除く）。では、太陽系のことはもうだいだい調べつくされたのでしょうか？　そうでもありません。たとえば**私たちは、アポロ宇宙船などが持ち帰った月の石と、太陽系内の漂流物が地球に落下したものである隕石《いんせき》以外には、地球外の天体の構成物質に実際に触れたことさえない**のです。

二一世紀初頭には、火星や小惑星の岩石を採取して地球に持ち帰る「サンプルリターン」計画が実施されます。また、今まで探査機が訪れていない冥王星《めいおうせい》への探査計画、そして将来の月面基地建設に向けた月の詳細な探査計画も進行中です。今なお興味に満ちた太陽系の姿を、この2章で紹介しましょう。

太陽系と太陽

◆太陽系の姿と大きさ

　恒星である太陽と、その周囲を回る九つの惑星やその衛星、そして火星と木星の軌道の間にある多くの小惑星や、惑星の軌道の外側を回る彗星などを含めて、これらを**太陽系**と呼んでいます。

　古代の人は夜空を見上げて、ほとんどの星は北極星を中心としていっせいに動き、お互いの位置関係が変わらないことから、これらの星を恒《つね》なる星、**恒星**と呼びました。しかし、星の中には他の星といっしょに動かず、不規則な動きをするものもありました。これを惑《まど》う星、**惑星**と名づけました。惑星は恒星よりもずっと地球に近い位置にあるので、その固有の動き（太陽のまわりを回る公転運動）を肉眼でも確認できるのです。

地球は太陽のまわりを楕円形の軌道を描いて公転していますが、太陽と地球の間の平均距離は、約一億五〇〇〇万キロメートルです。これを一天文単位《てんもんたんい》と呼んでいます。太陽系の中での各種の距離を示すのにちょうど良い大きさなので、この単位がしばしば使われます。光が一年間に進む距離である一光年は、約一〇兆キロメートルであり、約六三〇〇〇天文単位となります。

太陽から一番外側の軌道を回る惑星である冥王星までの平均距離は、約四〇天文単位（約六〇億キロメートル）です。彗星の生まれ故郷であるオールトの雲までを太陽系の範囲と考えると、その大きさは十数万天文単位になります。

これほど広大な太陽系も、直径一五万光年の天の川銀河のごく一部であり、天の川銀河が含まれる局部銀河群や、銀河の大集団である銀河団や超銀河団、そして宇宙全体から見ればまさにちっぽけな存在なのです。

◆地球型惑星と木星型惑星

地球の兄弟と言える太陽系の惑星は、太陽から近い順に水星、金星、地球、

太陽と惑星の大きさ
（地球の直径を1とした比較）
水星（0.4）
金星（0.9）
地球（1）
火星（0.5）
木星（11）
土星（9）
太陽（109）
冥王星（0.2）
海王星（4）
天王星（4）

火星、木星、土星、天王星《てんのうせい》、海王星《かいおうせい》、冥王星となります。地球より太陽に近い水星と金星を**内惑星**、火星以遠を**外惑星**と分類します。

惑星をその構成物質から分ける分類の方法もあります。水星、金星、地球、火星は**地球型惑星**と呼ばれます。地球型惑星は小型で、一立方センチメートル当たりの質量が五グラム（密度五・〇）以上の高密度の星です。これは金属や岩石などの重い物質で構成されているためで、星の表面にはしっかりとした大地があります。

一方、木星、土星、天王星、海王星は**木星型惑星**と呼ばれます。地球より四倍以上大きな大型の惑星ですが、密度は低く、水と同じ（密度一・〇）程度です。木星と土星は水素やヘリウムなどの非常に軽い物質でできていて、大地のようなはっきりとした表面を持っていません。天王星と海王星は、岩石の中心核を水やメタンなどの氷が覆っていると考えられています。リング（環）を持つことも木星型惑星の特徴です。

一番遠くにある冥王星は、まだ訪れた探査機がないこともあり、詳しいことがわかっていません。しかし小型で固体表面を持ちますが、密度が一・〇程度と低く、地球型にも木星型にも分類できない惑星と思われています。

◆惑星の運動の法則

惑星の運動を初めて科学的に明らかにしたのは、一六〜一七世紀のドイツの天文学者**ケプラー**です。ケプラーは師匠である天文学者ブラーエが観測した惑星の運動のデータを分析して、後に**ケプラーの法則**と呼ばれる三つの法則を発見しました。

〈第一の法則・「惑星は太陽を一つの焦点とする楕円《だえん》軌道を描く」〉

古代以来、天体の動きは理想的な円、真円を描いていると考えられてきました。しかしケプラーは火星の軌道を研究して、観測データに合うためには火星の軌道を真円ではなく、楕円としなければならないことに気づいたのです。

〈第二の法則・「太陽から惑星にいたる直線は同一時間に等しい面積を描く」〉

少し難しい表現ですが、次のページの図を見て下さい。惑星の軌道は楕円なので、太陽までの距離は長くなったり短くなったりしますが、扇形の面積は同一時間で常に一定になるのです。これは惑星の公転速度が、太陽の近くでは速くなり、太陽から遠いときには遅くなることを示しています。

〈第三の法則・「各惑星の公転周期の二乗は、太陽からの平均距離の三乗に比例する〉

たとえば、土星は太陽から約九・五天文単位、つまり地球の九・五倍離れた距離を、約二九・五年で一周しています。九・五の三乗は約八六〇で、これは二九・五のおよそ二乗になってい

ケプラーの法則

第1法則

惑星は太陽を1つの焦点とする楕円軌道を描く
(楕円＝2つの焦点からの距離の和が一定である点の集まり)

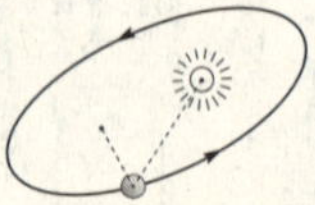

第2法則

太陽から惑星にいたる直線は同一時間に等しい面積を描く

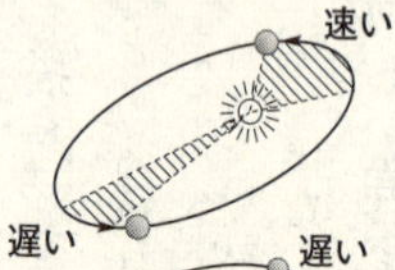

第3法則

各惑星の公転周期の2乗は、太陽からの平均距離の3乗に比例する

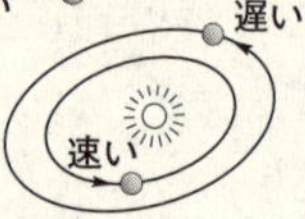

ます。つまり、太陽に近い惑星は公転周期が短くて公転速度は速く、太陽から離れた惑星は公転周期が長くて公転速度が遅いことになります。

ただし、ケプラーはこれらの法則に気づいたものの、なぜこうした法則が成り立つのかは説明できませんでした。後にニュートンが万有引力の法則を惑星の公転運動に適用し、惑星は太陽の引力（重力）によって公転しているためにケプラーの法則が成り立つことを理論的に説明しました。

ケプラーの法則は天文物理学の基礎であり、宇宙の話題のさまざまな場面で顔を出しますので、頭に入れておいてください。

◆太陽系誕生のストーリー

さて、太陽系は今から約四六億年前に誕生したと考えられていますが、太陽系がどのように生まれてきたのかについては、明確にわかっていません。しかし星の形成のしくみや惑星の観測などから、おおよそ次のようなストーリーであるとされています。

①まず、天の川銀河の中に漂っていた水素やヘリウムのガスの雲の中で、一部が自分の重力によってつぶれて収縮を始め、同時に回転を始めます。回転は次第に速くなり、中心部の温度や密度が上がっていき、やがて核融合反応（八二ページ参照）が始まって明るく輝き出します。これを**原始太陽**と呼んでいます。一方、中心部から離れたガスは原始太陽に取り込まれず、回転の遠心力によって円盤状に広がりますが、これを**原始太陽系星雲**と呼びます。

②原始太陽系星雲のガスの中に浮かんでいた小さなチリは円盤の中心部分に沈殿し、固体の層を作りますが、やがて重力的に不安定になり、ばらばらに分裂してしまいます。この半径数キロメートルほどの固体の破片を、**微惑星**と言います。無数の微惑星は原始太陽のまわりを回りながら衝突と合体を繰り返し、その中のいくつかが月ほどの大きさの**原始惑星**に成長していきます。

③原始惑星は自分の重力によって周囲のガスを引きつけて、大気（**原始大気**）をまとうようになります。原始惑星の大気にふれた微惑星は、その摩擦によ

ってスピードが弱まり、原始惑星に取り込まれやすくなります。こうして原始惑星はさらに大きくなっていきます。

④太陽に近いところにできた原始惑星は、大気が太陽の熱を逃がさないために高温になります。すると原始惑星の構成物質は溶けてしまい、重たい鉄は中心部分に沈み、軽い岩石が地表面に出てきます。これが地球型惑星の構造となります。

一方、原始太陽系星雲の円盤の厚さは太陽から離れるほど厚くなるため、木星以遠では微惑星などの物質が多く存在し、地球型惑星より大きな原始惑星ができました。そして大きな重力で周囲の水素やヘリウムなどの原始大気を取り込み、巨大な木星型惑星に成長したのです。

⑤その後、**太陽風**と呼ばれる電気を帯びた粒子が、残ったガスや太陽の近くにある小さな質量の惑星の原始大気を吹き飛ばしてしまいます。太陽風は現在も吹いていますが、原始太陽の太陽風は今よりはるかに強かったと思われます。地球型惑星が持つ現在の大気は、原始大気が飛ばされた後に地中から出

てきたガスであると考えられています。こうして現在の太陽系がほぼできあがったのです。

◆核融合で燃える太陽

太陽は直径が約一四〇万キロメートルで地球の一〇九倍、質量は二〇〇〇兆トンのさらに一兆倍で、地球の三三万倍という星です。しかし夜空に輝く無数の恒星の中では、平均的な大きさの星であると考えられています。

太陽などの恒星は、**核融合反応**によって輝いています。太陽は質量の七〇パーセントが水素で、その中心部分では一五〇〇万K《ケルビン》、二〇〇〇億気圧という超高温、超高圧になっています。そこでは水素原子の原子核同士が衝突して融合し、ヘリウム原子の原子核ができます。水素一グラムが核融合をおこなうと、〇・九九三グラムのヘリウムが作られ、残りの〇・〇〇七グラムは莫大なエネルギーに変換されます。このエネルギーは一〇〇ワットの電球を二三〇年間も灯すことができます。太陽では一秒間に約六億トンの水素が核融合を起こして、原子爆弾四兆個分のエネルギーを放出しています。

ウランなどの大きな原子核が分裂する**核分裂反応**でも、質量が減ってエネルギーが生まれますが、水素などの小さな原子核が融合する核融合反応では核分裂より大きな質量が失われ、より大きなエネルギーが放出されます。

太陽がどうして四六億年もの間、莫大なエネルギーを出して燃え続けていられるのかは謎とされてきました。そのメカニズムが明らかになったのは、二〇世紀に入って物質の原子や原子核の中のしくみがわかってきてからなのです。

地球は太陽が放出する莫大なエネルギーの、わずか五〇億分の一を受け取っているにすぎませんが、それが全ての生命を育む源となっています。現在の太陽はその生涯のちょうど半分を過ぎた頃で、あと五〇億年間は燃え続けてくれると考えられています（星の一生については、3章で詳しく紹介します）。

◆太陽の活動と黒点の不思議な関係

太陽の中心部の温度は一五〇〇万K程度ですが、内部から外に向かうにつれて温度が下がり、表面温度は約六〇〇〇Kになっています。太陽の表面を観察すると、**プロミネンス**（**紅炎**）という赤い炎の形をしたガスや、**黒点**という黒いシミのようなものが見えます。黒点は周囲よりも約二〇〇〇Kほど温度が低いために、黒く見えるのです。太陽に黒点があることを発見したのもガリレオですが、望遠鏡で直接太陽を観察したために目を傷め、ついには失明してしまいました。

黒点は太陽の活動と密接な関係があります。黒点の数は一一年周期で増減を繰り返しますが、黒点が多いときには太陽表面の活動が盛んになり、**フレア**という激しい爆発が起きて、二〇〇〇万Kにも達する巨大な炎が吹き出ます。フレアが起こると、X線やガンマ線などの大きなエネルギーを持った電磁波が放出されます。その一部が地球に降り注ぐと、電波障害が発生したり、北極や南極でオーロラが観測されたりします。

黒点は太陽の強い磁場が太陽の自転によって複雑に引きずられて表面に表れ、内部から出てくる高温のガスを抑えるためにできると考えられています。

太陽も自転していますが、極より赤道付近のほうが速く自転するために（太陽は気体なので、地球のように全体が同時に回転するのではなく、赤道付近のほうが速く自転します）、磁場が複雑に引きずられて変形するのです。しかしなぜ一一年周期で数が増減するのかなど、不明な点も多くあります。

　太陽の一番外側には、**コロナ**という大気があります。普段は目にすることができず、太陽が月に隠される日食の際に見えます。コロナの先端からは太陽風（八一ページ参照）が放出され、太陽系の果てまで流れていっています。

生命の母なる太陽

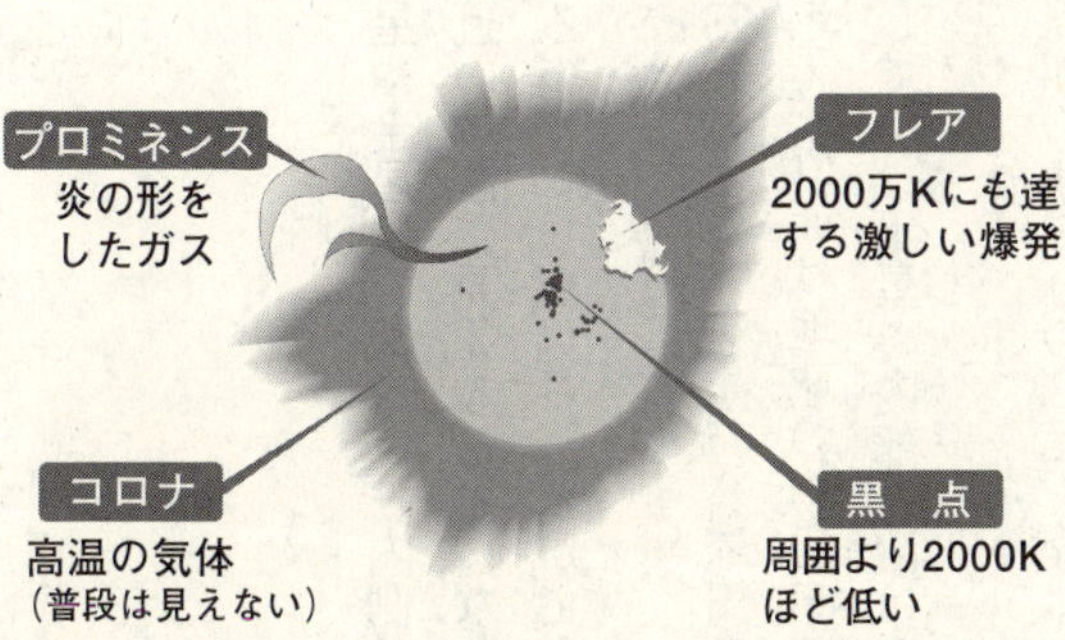

太陽系の兄弟たちI

◆無数のクレーターを持つ惑星・水星

水星は太陽のもっとも近くを回る惑星です。水星や金星は、地球より内側の軌道を回る内惑星なので、地球からは常に太陽に近い位置に見えることになります。太陽にもっとも近い水星は、夕方や朝の明るい空にしか見ることができないので、あまり目立たず、観測しにくい星です。

水星と太陽の平均距離は、地球と太陽の距離の五分の二ほどです。公転周期は約八八日で、地球の二倍の速度で公転しています。直径は地球の約〇・四倍、月の約一・四倍ですが、密度は地球とほぼ同じです。水星の内部は溶けた鉄が八割近くを占めていると考えられています。

自転周期は約五九日と長く、しかもこれは公転周期の約三分の二にもなることから、水星では昼と夜が八八日ずつ続くことになります。昼が長い上に、太陽に近いために地球の七倍の太陽エネルギーを受けるので、日中の最高温度は摂氏三五〇度まで上がります。逆に長い夜には、保温効果のある大気が希薄なので、摂氏マイナス一七〇度まで下がります。

内惑星である水星を観測するための探査機を送るには、地球の公転運動による遠心力と逆らう向きに打ち上げるために、非常に大きなエネルギーが必要となります。また太陽に近い水星の観測には、各種機器を太陽の熱から守る高度な技術が要求されます。そのため水星を観測した探査機は、一九七三年にアメリカが打ち上げたマリナー一〇号のみです。マリナー一〇号は水星の表面から三三〇キロメートルの距離まで接近し、四〇〇〇枚以上の写真撮影に成功しました。

その結果、**水星の表面には月面のように無数のクレーターがあることがわかりました。**クレーターにはベートーベン、モーツアルト、ルノアール、トルストイ、ゲーテなどの芸術家や作家の名前がつけられています。

◆相対性理論が水星軌道の謎を解く

惑星が太陽のまわりを楕円軌道を描いて公転していることは、ケプラーによって発見されましたが（七七ページ参照）、後の天文学者が水星の軌道を観察すると、**水星は公転軌道自体が少しずつ移動している**ことがわかりました。

その理由として、金星や地球などの水星に近い惑星が重力を及ぼすことが考えられました。しかしその影響を計算で求めたところ、実際の公転軌道の移動の様子とはずれが生じました。そのため一時、水星よりさらに内側に未知の惑星があって、その重力が影響しているのではないかと考えられましたが、そうした惑星は発見できませんでした。

これを解決したのが、アインシュタインが唱えた相対性理論です。相対性理論によると、**太陽の巨大な重力は水星を公転させるだけでなく、太陽の周囲の空間をゆがめて、そのために公転軌道がずれることが**予想されました。相対性理論に基づいてずれの値を計算すると、観測値と見事に一致したのです。

相対性理論が明らかにした現象や影響は、物体の移動の速度が光速度（秒速三〇万キロメートル）に近づく場合や、重力が異常に強い場所でないと際だって表れてきません。そのために地球上での現象や実験では、相対性理論の正しさを検証することができませんでした。太陽の強い重力の影響を受ける水星の軌道の移動の謎を解いたことで、誰もが相対性理論の正しさを認めるようになったのです。

◆地球と双子の星？　金星の素顔

宵《よい》の明星や明けの明星とも呼ばれる

水星の公転軌道の移動

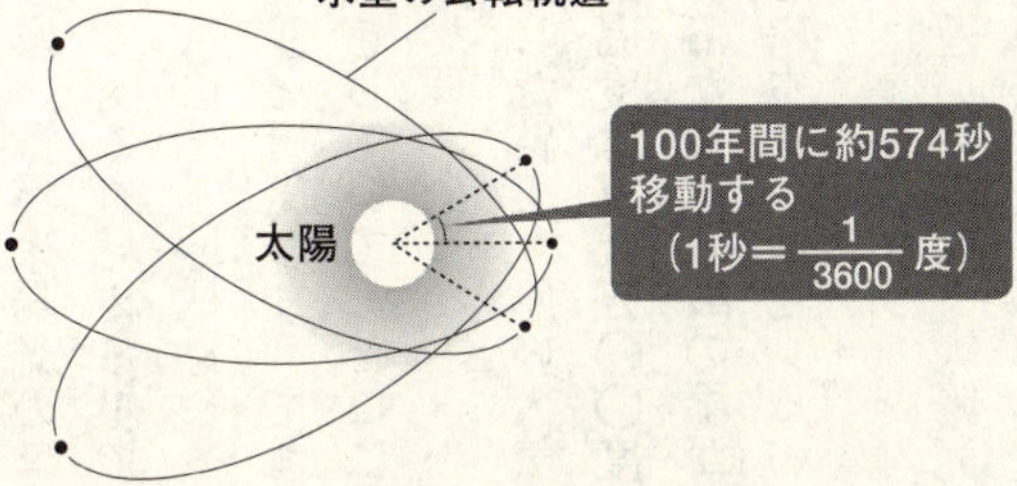

574秒のうち ＜ 531秒＝金星や地球の引力で移動
43秒＝太陽の重力による空間のゆがみで移動

金星は、水星と同じく地球の内側の軌道を回る内惑星なので、夕方や明け方にしか見ることができません。しかし、金星を覆う厚い雲が太陽光のほとんどを反射するために、非常に明るく、太陽と月に次いで明るく見える星です。

金星は直径が地球の約〇・九倍、質量は約〇・八倍と、地球をやや小さくした感じです。密度も地球に近く、地球によく似た星と言えます。ですから地球より太陽に近い金星は、地球の熱帯のような気候をしていて、そこには生命がいるのではないかと、かつては考えられていました。

しかしアメリカや旧ソ連の探査機が金星を観測した結果、厚い大気に覆われた金星の真の姿が明らかになりました。その表面温度は摂氏五〇〇度近く、気圧はおよそ九〇気圧、上空ではほとんどの金属を溶かす濃硫酸の雨が降っていたのです。こんな過酷な環境下では、とても金星に生命が存在するとは考えられません。

二酸化炭素（炭酸ガス）を主成分とする金星の厚い大気は、太陽光をあまり通さない代わりに、いったん通った熱を逃がさない温室効果を持ったため、表面がこれほどの高温になっていると考えられます。

また、厚い大気に隠されて地表が見えないためよくわからなかった金星の自転周期も、電波による観測の結果、二四三日と非常に長いことがわかりました。これは金星の公転周期（二二五日）よりも長く、金星は「一日」のほうが「一年」より長いことになります。さらに自転の向きが公転周期の向きと逆であることも金星の特徴です。地球を含めた太陽系の惑星は、金星以外はすべて公転周期と同じ方向、つまり北を上にして左から右に自転しています。金星だけが逆の向きに自転していますが、その理由はよくわかっていません。

◆現在も活動する金星の火山

金星は表面温度や大気の組成は地球と大きく異なりますが、その表面の様子は地球と似ているところがあります。

一九八九年にスペースシャトルによって打ち上げられたアメリカの金星探査機マゼランは、翌九〇年から五年間にわたって、レーダーにより金星の表面を調査しました。その結果、金星は表面の七〇パーセントは平坦な地形であること（地球よりも平坦）、残りは起伏の激しい領域（「大陸」と呼ばれます）であることがわかりました。また大規模な山脈や多くの火山の存在も確認され、このことから金星は地球と同様に火山活動やプレートテクトニクス（大陸移動）が起こっていると考えられています。

◆月は表と裏の二つの顔を持つ

月はご存じのとおり、地球の衛星です。太陽系の惑星の中で、水星と金星は衛星を持ちませんが、地球とその外側の外惑星はすべて衛星を持ちます。月の直径は約三五〇〇キロメートルで、地球の約四分の一です。月は太陽の直径の約四〇〇分の一ですが、月と地球の距離は太陽と地球の距離の四〇〇分の一なので、月と太陽の見かけの大きさはほとんど同じに見えます。

ガリレオは望遠鏡を月に向けて、表面に**クレーター**があることを発見しました。クレーターは月が誕生した後に、無数の隕石が月面に降り注いでできたと考えられています。

月面のクレーターが多い部分を「高地」と呼び、クレーターの少ない暗く見える部分を「海」と呼びます。海の部分もかつてはクレーターが存在していましたが、火山活動により内部の溶岩（黒い玄武岩）が吹き出て表面の白い岩石を覆い、現在の姿になったと思われます。日本では月面の表面の模様を「ウサギが餅をついている」とみなしますが、他の国では女性の横顔やカニなど、さまざまに解釈しています。

月は自転周期と公転周期（地球のまわりを回る周期）が約二八日で一致しているため、地球に常に同じ面を向けています。しかし月が誕生当初から自転周期と公転周期が偶然一致していたとは考えられません。これは地球の**潮汐《ちょうせき》力《りょく》**（大きな天体のそばにある物体は、天体に近い側のほうが遠くの側よりも大きな重力で引かれること）によって月が少し楕円形に変形し、その状態で公転運動をすると、地球に同じ面を向けさせるような力が働いて自転スピードが変化してしまうためです。このため人類は月の裏側の様子を見ることができませんでしたが、一九五九年、旧ソ連の探査機ルナ三号は初めて月の裏側を撮影しました。月の裏面はクレーターが多くて「海」はほとんどなく、表側とかなり違った表情をしています。

◆月は地球からちぎれたカケラ?

地球の四分の一の直径を持つ月は、他の惑星と衛星の大きさの比より例外的に大きいものです。そのため、こうした月がどのように生まれたのか、長い間謎とされていました。月は太陽系のどこかで作られ、後に地球の重力にとらえられたとする説や、地球とほぼ同時期に作られた兄弟惑星であるとする説などがありますが、有力なものに「ジャイアント・インパクト(巨大衝突)説」があります。これは、原始地球に火星程度の大きな天体が衝突し、地球表面の岩石がはじき飛ばされ、その岩石が衝突・合体を繰り返して月ができたとする説です。つまり月は地球からちぎれたカケラからできたというのです。

一九九八年にNASAが打ち上げた月探査機ルナ・プロスペクターによる観

測の結果、月の内部にある高密度の中心核（コア）の大きさが、月半径の一〇～二〇パーセント程度であることがわかりました。鉄やニッケルなどの金属でできた地球の中心核が、地球半径の半分以上あることに比べると、ずいぶん小さいことになります。

これはジャイアント・インパクト説を裏づけるものとなります。もし月が地球や他の惑星と同じように、太陽の周囲を回っていた岩石やチリが集まってできたとすると、地球と同じく大きな中心核ができるはずだからです。

また、日本の研究グループがコンピ

月は地球の破片からできた？

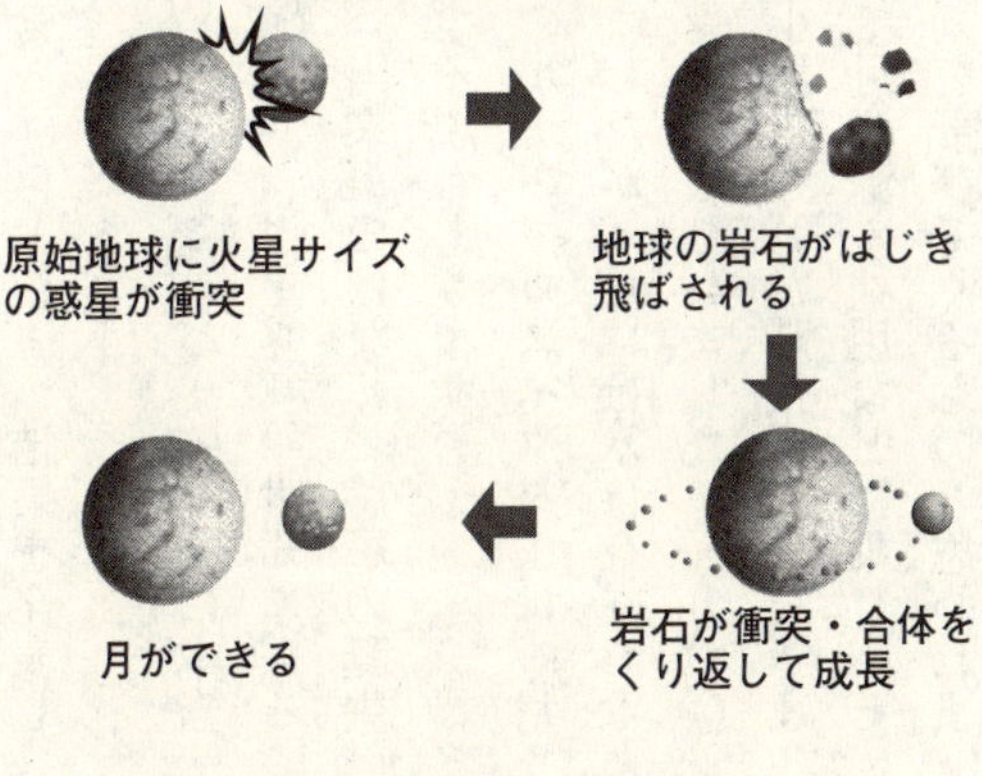
原始地球に火星サイズの惑星が衝突
地球の岩石がはじき飛ばされる
岩石が衝突・合体をくり返して成長
月ができる

ュータで計算をおこない、地球からはじき飛ばされた無数の岩石が衝突を繰り返して成長し、一ヶ月ほどで月ができるというシミュレーション結果を発表しました。

地球に火星ほどの大きさの天体が衝突するなどということが、確率的に本当に起こるかどうか、長い間疑問視されてきました。しかし最近の研究によると、ジャイアント・インパクトは必ずしも珍しい出来事ではなく、惑星の誕生・成長の過程でごく普通に起こることであるとする説もあります。

月にはまだ多くの謎が残されています。前出のルナ・プロスペクターは、月の極付近に大量の凍った水があることを発見しましたが、月には水は存在しないと考えられてきたので、大きな驚きを持って受け止められました。一九六〇〜七〇年代のアポロ計画以後、月の探査計画は小休止された時代が長く続きましたが、二一世紀にはいよいよ月面基地を作って月資源の利用などに乗り出そうとする構想もあり、月探査はこれから再び活気を帯びてくるものと思われます。

◆火星には運河があった？

地球のすぐ外側の軌道を回るのは火星です。直径は地球の半分ほど、質量は地球の一〇パーセントしかありません。

火星は地球とほぼ同じ二四時間四〇分で一回自転します。また望遠鏡で火星を見ると、その北極と南極に極冠という白い部分が見えます。これは氷やドライアイスの固まりで、一定の期間をおいて大きくなったり小さくなったりを繰り返すことから、火星には四季の変化があると考えられました。また表面にいくつもの黒い筋状の線が見えます。これを昔の人々は運河と考え、**火星には運河を造れるほどの高等な生物がいるに違いない**と思ったのです。

一九七一年、アメリカの火星探査機マリナー九号は火星を観測しました。その結果、**運河のように見えたものは、かつて川が流れたと思われる跡や、大地の巨大な断層である**ことがわかりました。そして一九七六年、バイキング一号と二号が相次いで火星表面への軟着陸に成功しました。バイキングは火星の土を採取し、そこにバクテリアのような微生物がいないかどうか調査をしましたが、残念ながら生命体を発見することはできませんでした。

火星の表面温度は摂氏マイナス一四〇度からプラス二〇度ほど、重力が地球の四割ほどなので大気が逃げてしまい、大気圧は地球の一〇〇分の一以下です。このような環境では、現在の火星に生物が存在している可能性は少ないと思われます。

◆それでも火星に生命は存在した？

しかし、かつての川の跡がある、つまり大量の水と水の原料である酸素があったことから、過去の火星には原始的な生物が存在した可能性も否定しきれません。

一九九六年、ＮＡＳＡは一〇年前に地球の南極大陸で発見された火星からの隕石の中に、三六億年前の微生物の痕跡を発見したと発表しました。隕石の中に有機物の一種が発見され、これが火星に生命が存在した可能性を示すというのです。しかしその解釈については、専門家の間で意見が分かれており、決着はついていません。

火星探査は近年ますます活気を帯びています。一九九七年、火星探査機マーズ・パスファインダーはバイキング号以来二一年ぶりに火星表面に降り立ち、地表を自由に動き回る小型探査機マイクロ・ローバーを走らせて各種の観測をおこないました。その結果、マーズ・パスファインダーの降り立った地点は、かつて大洪水が起きた場所であること、つまりかつての火星には大量の水が存在したことがあらためて確認されました。

以降、NASAでは二年ごとに火星探査機の打ち上げ・火星着陸を予定し、二〇〇八年には火星の岩石を初めて地球に持ち帰る**サンプルリターン計画**が目指されています。地球に持ち帰った火星の岩石を詳しく分析すれば、火星の生命の存在の是非に関する決定的な証拠が得られるかもしれません。

太陽系の兄弟たちII

◆太陽になれなかった木星

木星の直径は地球の約一一倍、質量は地球の三一八倍という、太陽系最大の惑星です。しかし木星の密度は地球の四分の一ほどで、これは質量の九〇パーセントが水素でできているためです。木星内部では水素が巨大な質量によって圧縮されて、液体水素や液体金属水素（水銀のような状態）になっていて、中心核の温度は五万度にも達すると考えられています。木星があと一〇〇倍くらい重いと、中心部の温度が一〇〇〇万度に達し、核融合反応を起こして恒星になることができたとされています。

木星の自転周期は一〇時間ほどと非常に短いので、表面では秒速一〇〇メートルもの突風が吹き、これが特徴ある縞模様や無数の渦状の模様を生み出しています。**大赤斑**《だいせきはん》と呼ばれる大きな赤い渦は地球二個分の大きさがあり、巨大な台風のようなものと考えられていますが、三〇〇年以上にもわたって消えることなく渦が存在している理由はわかっていません。

木星には一六個の衛星が発見されています。その中でも大きなイオ、**エウロパ、ガニメデ、カリストの四つは、ガリレオが望遠鏡で初めて発見したためにガリレオ衛星と呼ばれています。**

ガリレオの発見当時、天動説では宇宙のすべての天体は、特別な存在である地球のまわりを整然と回っていると

木星にも月があった

ガニメデ
エウロパ
カリスト
イオ
木星
木星も月（衛星）があるぞ。
周囲を月や星が回る天体は
地球だけではないんだ。
ガリレオ

考えていました。しかしガリレオは、巨大な木星のまわりを小さな「月」が回っている事実から、周囲を月や星が回る特別な天体は地球だけではないことを知りました。そして小さな地球のまわりを大きな太陽が回るのではなく、太陽の周囲を地球が回っていると考えたほうが自然であると考え、地動説を唱え始めたとされています。

◆地球以外にも液体の海を持つ星がある

一九七九年、NASAが打ち上げたボイジャー一号と二号は相次いで木星に接近し、計三万枚以上の木星とその衛星の写真を撮影しました。

科学者たちが驚いたのは、まず木星にも土星のようなリング（環）があったことです。ただし土星のリングよりずっと細かったため、地球からは観測できなかったのです。また、衛星イオに活火山があることも発見しました。一個の活火山は噴煙を高く吹き上げ、オレンジ色の硫黄《いおう》の溶岩流の跡も見つかりました。イオは衛星の中でもっとも木星に近い軌道を回るため、木星の巨大な潮汐力（九三ページ参照）によってイオ内部が変形し、その際の摩擦による熱が火山の熱源になっていると考えられています。

最近では、一九八九年に打ち上げられた木星探査機ガリレオが、一九九五年から木星の表面や大気、衛星の様子などを観測しています。その結果、**衛星エウロパには表面の氷の海の下に、液体の海があることが明らかになりました。**

太陽から遠く離れた木星の衛星では、水があったとしてもすべて固く凍りついていると思うのが普通です。しかしエウロパでは、木星の潮汐力による発熱で氷が溶かされて液体になっていると考えられています。

地球以外に液体の海があることは初めての発見です。エウロパの海には、もしかすると原始的な生命が存在する可能性もあります。そのため近い将来にはエウロパだけを観測する目的で探査機を打ち上げる計画も検討されています。

◆美しいリングを持つ土星

太陽系の惑星の中で木星に次いで大きい土星は、直径は地球の約九倍、質量は地球の約九五倍です。しかし密度は約〇・七と軽く、水に浮かべれば浮いてしまうことになります。これは、土星が木星と同じく、液体水素や液体金属水素などの軽い物質でできているためです。

土星の特徴である美しいリングを初めて観測したのもガリレオです。望遠鏡の分解能が低かったので、リングははっきりと見えず、ガリレオは惑星に耳のようなものがついていると思いました。しかも二年後に土星を見ると、耳は消えていました。これは土星の自転軸の傾きによって、薄いリングを真横から見たために消えたように思えたのです。

土星のリングは幅三〇万キロメートルもありますが、厚みはわずか一キロメートルほどです。**リングは一枚の板ではなく、大小の岩石や氷のかけらが無数に集まったものが、輪のように見えているのです。**

リングは地球の望遠鏡からは三つに分かれているように見え、土星に遠い方からA環《かん》、B環、C環と名づけられています。アメリカの探査機パイオニア一一号は一九七九年に土星に接近し、C環の内側に淡いD環を、A環の外側にE

〜G環の三つのリングを新たに発見しました。また、一九八〇年と八一年、木星探査を終えたボイジャー一号と二号は続いて土星に接近し、多くの写真を撮影しました。その結果、土星のリングは七つどころか、昔のレコード盤の溝のような無数の細いリングの集合であることが明らかになりました。

なぜこうしたリングができたのかはよくわかっていません。土星ができたとき、周囲にあった岩石や氷が、土星の強い潮汐力のために衛星として集まることができず、ばらばらになったまま残ったものだとする説もあります。

土星のリング

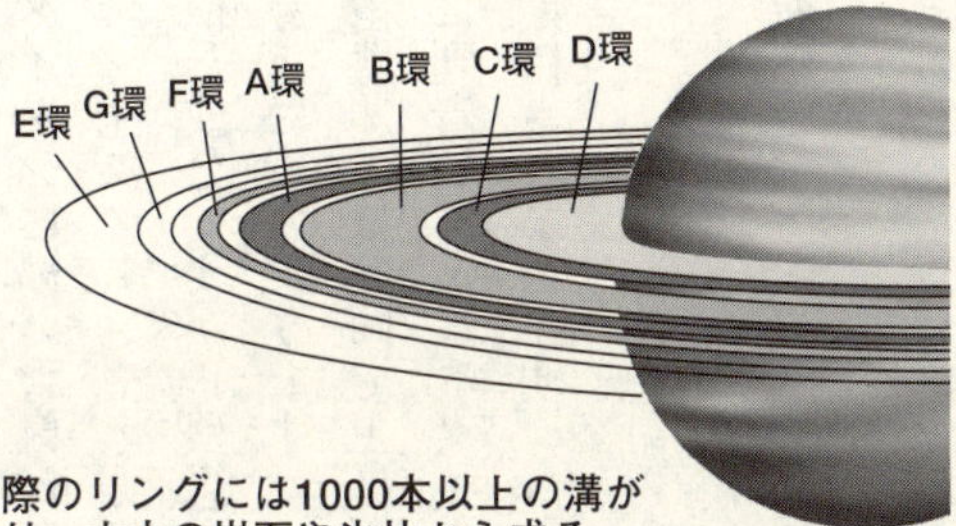

実際のリングには1000本以上の溝があり、大小の岩石や氷片から成る

土星は一八個の衛星を持っています。これらは軌道の確定している比較的大きな衛星ですが、その他にも軌道が未確定の小さな衛星も多数あります。ボイジャー号は土星の衛星も探査し、土星最大の衛星タイタンに濃い大気が存在することを発見しました。その成分はほとんどが窒素、他にメタンやエタンも少量見つかりました。これは原始地球の大気とよく似た成分ですが、残念ながらタイタンの表面温度は非常に低く、生命の存在は考えにくいようです。

一九九七年、NASAとESA（ヨーロッパ宇宙機関）は共同で土星探査機カッシーニを打ち上げました。二〇〇四年に土星に到着し、土星やタイタンの調査をおこなって、新たな発見をもたらすことが期待されています。

◆天王星と海王星

土星の外側を回る天王星と、さらに外側を回る海王星は、大きさや質量が近く、その組成も似ていると考えられています。

水星から土星までの惑星は、古くから肉眼で存在が知られていましたが、天王星は望遠鏡によって初めて見つかった惑星です（一一七ページ参照）。直径は地球の約四倍、質量は地球の約一五倍です。

天王星は、自転軸が約九八度も傾いていて、横倒しの状態で自転していることが知られています。水星以外の惑星は、地球を含めて自転軸は若干傾いていますが、天王星ほどのものはありません。なぜこのようになっているのか、理由はわかっていません。

一九七七年、天王星が遠くの恒星を隠す「星食《せいしょく》」を観測中に、恒星が天王星に隠れる前後に五回点滅する現象が確認されました。このことから、天王星が五本のリングを持っていることが明らかになりました。その後、探査機ボイジャー二号の観測などにより、現在までに一一本のリングと二〇個の衛星を持つことが確認されています。

海王星は、人間が計算により見つけ出した惑星です。天王星の動きを観測していたイギリスの天文学者アダムスとフランスの天文学者ルベリエは、その動きが計算値と合わないことから、天王星の外側にさらに未知の惑星があり、その惑星の重力が影響を及ぼしていると考えました。そして一八四六年、ドイツの天文学者ガレが、予想される位置に新たな惑星・海王星を発見しました。これはニュートンが作り出した物理学（力学）の偉大なる功績、人間の英知の勝利として、当時の大きな話題となりました。

一九八九年、ボイジャー二号は海王星に接近し、予想されていたとおり海王星に五本のリングがあること、またそれまで知られていた二個の衛星の他に新たに六個の衛星を発見しました。

海王星最大の衛星トリトンは、太陽系の大きな衛星の中で唯一公転方向が惑星の自転方向と逆であることや、表面温度がこれまで太陽系で探査された惑星や衛星の中でもっとも低い（摂氏マイナス二三五度）ことが知られています。

◆冥王星の惑星の座、危うし？

一九三〇年にアメリカの天文学者トンボーが発見した冥王星は、太陽からもっとも遠くに位置する惑星です。ただしその軌道はかなり細長い楕円形なので、公転周期約二五〇年のうち二〇年ほどは、海王星の軌道の内側に入り込みます。一九九九年二月、冥王星は二〇年ぶりに太陽からもっとも遠い惑星の座に戻り、いわゆる「水金地火木土天海冥」の順番のとおりになりました。

冥王星は太陽系で唯一惑星探査機が訪れたことのない惑星であり、その実態は不明な点が多くあります。しかし、冥王星は他の惑星とずいぶん異なる点が多いことがわかっています。公転軌道がかなり細長い楕円形で、しかも他の惑星はほぼ同一の平面上を回っているのに、冥王星の軌道だけが一七度も傾いています。また地球型惑星と木星型惑星のどちらにも分類できず、太陽系で一番小さな惑星なのに、自分の半分以上の大きさの衛星カロンを従えています。

そのため、冥王星はカイパーベルト天体群という海王星の外側を回る小天体群の一つに分類され、惑星の座から「降格」されるのではないかといった報道も、一部でなされました。

しかし一九九九年二月、国際天文学連合は「カイパーベルト天体群に、冥王星に似た軌道・性質を持つものが多くあることは事実だが、だからといって冥王星が太陽系の第九惑星であるという分類を変える必要はないし、変えることの意義や効果もない」という態度を明らかにしました。したがって、冥王星を今までどおり太陽系の兄弟惑星と考えておいて良いのです。

二一世紀初頭には冥王星へ向かう初めての探査機プルート・カイパー・エクスプレスが打ち上げられる予定であり、太陽系最遠の惑星に関して数々の発見がなされることが期待されます。

◆火星と木星の間の小惑星群

一八世紀、太陽と各惑星との間の距離について、ある一定の関係があることが知られていました。それは**チチウス-ボーデの法則**と呼ばれるもので、太陽と水星の距離を〇・四とし、金星以遠は「$0.4+0.3\times2^n$ ($n=0,1,2\cdots$)」という式が当てはまるというのです。考案者はドイツの科学者チチウスで、それをドイツの天文学者ボーデが広めたのです。

式によると、金星は$n=0$で〇・七、地球は$n=1$で一・〇、火星は$n=2$

で一・六、木星は一つ飛んでn＝4で五・二、土星はn＝5で一〇・〇となりますが、これは実際の距離の比と合致します。また一七八一年に発見された天王星にも、n＝6で一九・六という値が当てはまることが確認されました。

さて、チチウス-ボーデの法則ではn＝3に当たる惑星が欠けています。そこで火星と木星の間の、法則が当てはまる軌道上に未知の惑星があるのではと予想されました。

一八〇一年一月一日、つまり一九世紀の最初の夜、イタリアの神父でもある天文学者ピアッツィは、予想された場所に小天体を発見しました。これはセレスと名づけられましたが、その後ほぼ同じ軌道上に多くの小天体が発見され、これらは**小惑星**と総称されるようになりました。

こうした小惑星は、太陽系が生まれたとき、本来大きな惑星になるはずだった原始惑星や微惑星が、近くにある木星の巨大な重力によってスピードが増して衝突したため、合体できずにバラバラに砕けてそのまま残ったものであると考えられています。

小惑星の中でもっとも大きいセレスでも、直径約九〇〇キロメートルで、冥王星の半分弱の大きさです。これまでに一万個近くの小惑星が軌道を確定して小惑星表に登録されましたが、存在だけ確認されたものや、小さすぎて観測できないものも無数にあると思われます。形は大きな惑星のようにきれいな球形ではなく、いびつな形状をしているものがほとんどです。

◆小惑星が地球に衝突する？

小惑星の多くは、火星と木星の間の小惑星帯と呼ばれるところを公転しています。しかし中には、軌道が木星の重力の影響を受けて細長い楕円になり、そのために火星よりも内側に軌道が入り込んだり、地球にかなり接近するものがあります。

映画『アルマゲドン』は、地球に小惑星が衝突する危機を描いたＳＦですが、果たしてこんな出来事は起こりうるのでしょうか？　一九九七年に発見された小惑星一九九七ＸＦ一一は、二〇二八年に地球に非常に接近し、最悪の場合地球に衝突するかもしれないと話題になりました。しかし計算の結果、月までの距離の二倍くらいまでしか近づかず、計算誤差を考えても地球にぶつかることはないとわかりました。

九九ページで、二〇〇八年に火星の岩石を採取して地球に持ち帰る「サンプルリターン計画」を紹介しました。これに先んじて、二〇〇六年に小惑星の岩石を地球に持ち帰ろうとするのが、日本が進めている**ミューゼスＣ**計画です。直径一キロメートルほどで、地球に近づく軌道を持つ小惑星ネレウスの表面の岩石を採取することを目標にしています。

隕石を除けば、地球系（地球と月）以外の天体の岩石を人類が手にしたことはありません。地球の岩石は、原始惑星（八〇ページ参照）がいったん熱で溶解したために、その組成が変化しています。一方、**小惑星の岩石は原始惑星時の組成をそのまま残している**と考えられるので、それを持ち帰ることで惑星誕生の謎の解明などに大きく寄与することが期待されています。

◆彗星の正体は「汚れた雪だるま」

一九九六年の百武《ひゃくたけ》彗星、一九九七年のヘール・ボップ彗星と、近年肉眼でも見える大きな彗星が相次いでやって来ました。

彗星は毎年数十個が観測されますが、その半分はかつて観測されたことのある周期彗星です。残りは新しく発見された彗星で、発見者の名前をつけることができます。百武彗星は鹿児島県在住の百武裕司さんが発見しました。

彗星には周期が二〇〇年程度以下の短周期型と、それより長い長周期型の二種類があります。有名なハレー彗星は短周期型の代表で、紀元前七世紀より出現記録があります。一六八二年に現れた際、イギリスの天文学者ハレーが軌道を計算し、一五三一年と一六〇七年に出現した彗星と同一であることを発見しました。ハレー彗星は約七六年ごとに地球に接近します。前回は一九八六年に地球に近づき、次にやって来るのは二〇六一年になります。

彗星の正体は、岩石や金属を含んだ直径数キロメートルほどの氷の固まりで

「汚れた雪だるま」と形容されます。

それが長い楕円軌道上を回るとき、太陽の熱で温められてガスやチリを放出し、中心核を取り囲む直径一万〜一〇万キロメートルのコマと呼ばれる薄い大気を作ります。これが太陽風（八一ページ参照）によって吹き流され、美しい尾となります。尾は太陽と反対の側に伸び、彗星が太陽に近づくほど長くなります。大きな彗星の尾の長さは一億キロメートルを超えることもあります。

　彗星は、太陽系が誕生したときに、惑星に取り込まれなかった物質と考え

彗星は汚れた雪だるま

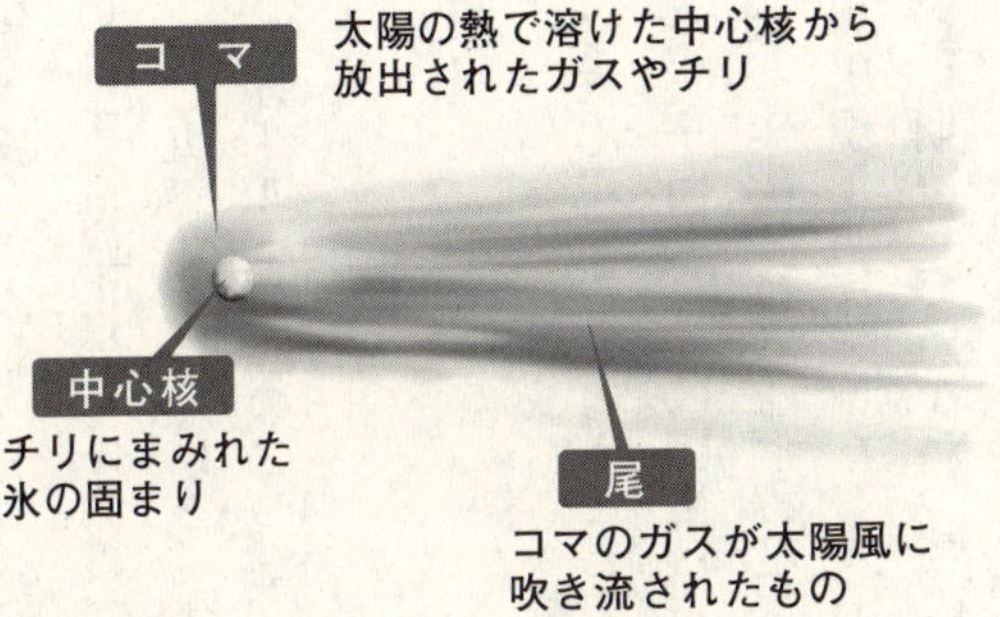

られ、そのために太陽系の初期の姿を残した生きた化石とも呼ばれます。

彗星は太陽に接近するたびに氷が蒸発し、やがて消滅してしまいますが、彗星を次々と作り出す「巣」があると考えられています。海王星の外側の四〇〜五〇天文単位のところにある**カイパーベルト**（一〇九ページ参照）と、太陽から三〇〇〇〜十数万天文単位も離れた場所にある**オールトの雲**の二つが、彗星の供給源とされています。

◆地球に飛び込んでくる小さな天体・流星と隕石

一九九八年一一月、しし座流星群が三三年ぶりに大出現するということで、寒さの中、夜空を見上げた方も多かったと思います。一時間に一〇〇個から二〇〇個、もしくはそれ以上とも予測された出現数は、実際には数十個程度にとどまり、大出現とは言えない状態でした。流星群の出現予測は難しく、大出現が予想されながら大したことがなかったり、その逆に期待していなかったのに無数の流星が降り注ぐ「流星雨」が観測されることもあります。

流星は、太陽系内の微小天体が地球の大気に突入し、大気との摩擦で燃えて発光する現象です。彗星が通ったあとの軌道上には、彗星の破片が多く残されており、この軌道上を地球が横切るときには流星群が見られます。しし座流星群を生む母彗星はテンペル・タットル彗星という名で、三三年周期で太陽のまわりを回っています。

流星の多くは大気中で燃え尽きてしまいます。しかし小惑星の小さな破片などが大気圏に突入した場合は、大きな火球となって観測され、燃え残って地上に落下するものもあります。これが**隕石《いんせき》**です。**隕石は、アポロ号が月から持ち帰ってきた月の岩石を除けば、人類が地上で直接触れることのできる唯一の地球外の物質です。**

隕石には、太陽系ができる前、つまり五〇億年以上前にすでに生成されていた炭素やケイ素などの粒子を含むものがあります。こうした重い元素は星の内部で作られて、星がその末期に大爆発（超新星爆発）を起こしたときに、宇宙空間にばらまかれます。

地球も隕石も、もともとは同じ材料から生まれたものですが、地球はいったん高温になって物質が溶けてしまったため、太陽系ができた当時の物質とは組成が異なっています。一方、隕石の中には、原始太陽系の物質の情報をそのまま残しているものがあるのです。したがって隕石の研究によって、太陽系の誕生時の様子や、さらにさかのぼって、太陽系の材料となった古い恒星の大爆発（超新星爆発）の現場を探ることが可能になってきています。

3章

星の誕生から死まで

◎イントロダクション

他の科学、例えば化学や生物学と異なり、天文学は基本的に「実験」ができません。遠方の星にさわったり、直接働きかけることは不可能だからです。天文学者に許されるのは、彼方の星をじっと見つめることだけです。

ですから、かつては天文学と言えば夜空の星を観察し、その位置と明るさを測定することがほとんど全てでした。一九世紀になるまで、天文学者は星の正体を知らず、そして将来的にもわからないだろうと考えていたのです。

しかし現代の私たちは、星までの距離や星の質量、温度、構成物質などを知ることができます。そして星がどのように生まれ、今何歳で、あと何年燃え続けられるのか、そして最後にどんな死を迎えるのかもわかるのです。あるものは静かに冷えて宇宙の闇に消えてゆき、またあるものは大爆発を起こし、光さえ飲み込むブラックホールと化すこともあります。

3章では、星の誕生から死までのストーリーを追いながら、私たちが持つ星に関するさまざまな知識を紹介していきましょう。

星の一生

◆星にも生と死がある

自然界にあるものは、すべて果てしなき生と死を繰り返していきます。人間も、動物や植物も、生を受け、種の保存のために子孫を残し、一つの個体としての死を迎えるという歴史を連綿とつづってきました。

星（恒星）にも、生と死があります。宇宙空間のガスの中から星は生まれ、あるものは数百万年ほどの短い間、あるものは何兆年という長きにわたって燃え続け、ついに燃え尽き、再びガスとなって宇宙の中へ戻っていきます。そしてそのガスは、新たな星を作るもとになるのです。

無機物である星にも生死があるなんて、何だか不思議な気がしますし、少なくとも動植物の生死とは異質のものだと思われるかもしれません。しかし、そうではありません。

学校の理科の授業で習った「元素周期表」を思い出してください。もっとも軽い元素が水素、その次がヘリウム、そしてリチウム、ベリリウム、ホウ素、炭素、窒素《ちっそ》、酸素……と軽い元素から重い元素の順に並べられた表です。

この中で、リチウムより重い元素はすべて、星が生まれて死んでいく過程で作られた物質だと考えられています。つまり私たち人間の身体を構成する数々の物質は、かつて宇宙のどこかにあった星の一部であり、私たちは星

私たちは星くずから生まれた
僕たちの体も、すべての生き物も、あらゆる物質も、みんな星の中で作られたんだね。

くずから生まれてきたと言えるのです。そう考えると、星の生死も、人間の生死も、深いつながりがあることに思い至ることでしょう。

◆星を結んで星座を描いた古代の人々

古代の人々は夜空に輝く星々が互いの位置を変えないことから、空には地球を中心とした大きな球面があって、星はその球面上に固定されていると考えました。この球面を天球《てんきゅう》と呼びます。そして球面上の星の配列に、さまざまな人物や動物、器具の姿を想像しました。これが**星座**です。

星座は紀元前三〇〇〇年頃のメソポタミア文明で、すでにその起源を見ることができます。紀元後二世紀には、現在もほぼ使われる四八個の星座がまとめられました。その後、一五～一六世紀の大航海時代に南半球で見られる星にも星座が描かれ、また望遠鏡の発明により肉眼では見えない暗い星を結んで星座が作られました。その後、一つの星がいくつもの星座に重複していたものが整理され、現在は**八八個の星座**が全天をもれなく分割しています。

星の名前は、星座名にアルファ、ベータ、ガンマなどギリシア文字の名前をつけて表します。明るい恒星には固有名を持つものもあります。全天でもっとも明るい星は、冬の星座おおいぬ座のアルファ星で、シリウスという固有名で呼ばれます。

古代の人は、星は天球上に固定され、天球が地球のまわりを回転していると考えましたが、実際には天球は存在しませんし、星座を作るそれぞれの星までの距離も同一ではありません。星が非常な遠距離にあるために、星の固有の動きや、地球の公転運動による年周視差《ねんしゅうしさ》（一四九ページで詳しく触れます）を肉眼では捉えられなかったのです。

太陽系にもっとも近い恒星は、春に地平線すれすれに見えるケンタウルス座のアルファ星という星で、約四・三光年の距離にあります。太陽系の一番外側の惑星である冥王星は、太陽から約四〇天文単位離れていますが、ケンタウルス座アルファ星はその七〇〇〇倍も遠いところにあります。

◆星の誕生　その1

前章の太陽についての説明の中でも紹介しましたが、星は宇宙空間にただよっている星間物質の中から誕生します。星間物質の主な成分は水素やヘリウムなどの気体（星間ガス）で、炭素やシリコンなどからできている固体のチリ（星間塵《せいかんじん》）もわずかに含まれています。

星間物質の中で周囲より密度が高い部分は、**星間雲**と呼ばれます。密度が高いといっても、それは地球の大気の一億分の一の物質しかないという、非常に希薄な状態です。しかし周囲の宇宙は、さらにそれより一〇〇倍以上希薄であるため、宇宙の中では物質が大変密集した部分になっています。

星間物質は光を発しないので、直接見ることはできませんが、近くにある星の光を受けて光って見えるものがあり、これは**散光星雲**と呼ばれます。冬の星座であるオリオン座の中にあるオリオン大星雲は散光星雲の代表です。ここでは現在数万個の星が新たに誕生しています。同じオリオン座の馬頭《ばとう》星雲は、文字通り馬の頭の形をした星雲です。これは星間物質が背後の光を隠したシルエットとして見えるもので、**暗黒星雲**（五三ページ参照）に分類されます。

◆星の誕生　その2

星間雲の中でさらに密度が高く、水素分子や一酸化炭素などの分子を主な成分としているものを**分子雲**《ぶんしうん》と呼びます。分子雲は通常は安定していますが、分子雲同士が衝突するなど何らかの理由によって圧縮されることがあります。圧縮されると重力が強まり、やがて巨大なガスの固まりが分子雲の中にたくさんできます。これを**原始星**と呼びます。

原始星は自分の重力によって収縮を始め、中心部は高温・高密度になっていきます。中心部の温度が一〇〇〇万度を超えると、水素の核融合反応が始まり、自ら輝き出します。

核融合によって生まれた熱やエネルギーは、重力によって収縮しようとする物質の力に対抗して外向きに働き、収縮を押しとどめます。こうしてバランスが取れると、一人前の星が誕生し、安定して燃え続けることになるのです。

冬の星座、おうし座の中にある「すばる」（プレヤデス星団）は、生まれたばかりの星の集団です。こうした一〇〇個から一〇〇〇個ほどの若い星の集団を**散開星団**と呼びます。星はたった一つぽつんと生まれるのではなく、散開星団のように同時にたくさんの星が生まれます。すばるの年齢は約三〇〇〇万歳で、生まれて四六億年たった太陽を四六歳とすると、すばるの星々は生後四ヶ月ほどの赤ちゃん星になります。

なお、太陽の約八パーセント以上の質量がないと、中心部の温度は核融合反応が始まるまでに高くならず、光り出すことができません。こうした星は恒星にはなれず、わずかにエネルギーを出す**褐色矮星**《かっしょくわいせい》になります。褐色矮星はあまりに暗くて観測が難しく、これまでに数個しか確認されていません。一九九九年、ハッブル宇宙望遠鏡が、二つの星が互いのまわりを回る連星（一五六ページ参照）となっている褐色矮星を発見しました。これを詳細に観測することで、褐色矮星に関するさまざまなデータを得ることが期待されています。

◆星の色と寿命の関係

夜空の星を観測すると、星はさまざまな色の光を出していることがわかります。デンマークの天文学者ヘルツシュプルングと、アメリカの天文学者ラッセルは、星の色と明るさの関係を調べて、二人の頭文字から名づけられたHR図という図を考案しました。

HR図は横軸に星の色を、縦軸に星の本来の明るさをとっています。星の色は星の表面のガスの温度と関係がありま す。赤い星は表面温度が比較的低くて三〇〇〇度程度、黄色い星は約六〇〇〇

HR図

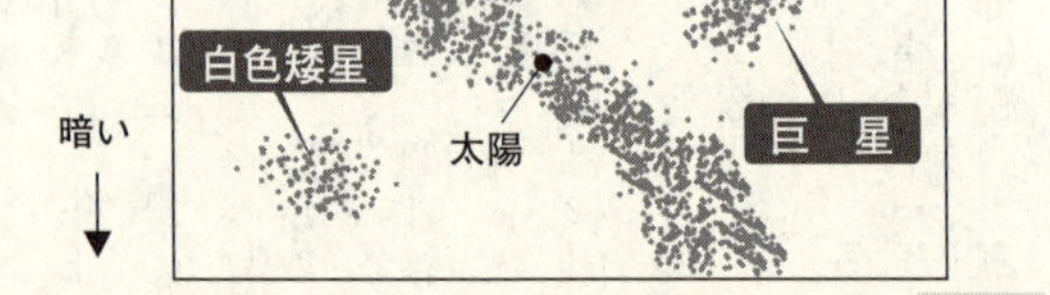

度、白い星は約一万度で青白い星の表面は数万度になっています。

星は遠くにあるものほど暗く見えるので、星の本来の明るさを知るためには星までの距離がわからなければなりません。星までの距離の測りかたは後ほど紹介しますが、地球の近くにあって星までの距離がわかっているものについて、本来の明るさを計算してHR図に並べると、九〇パーセントの星は左上から右下に伸びる狭い範囲(これを**主系列**と呼びます)のどこかに位置することがわかりました。

主系列の中でどこに位置するかは、星の質量(重さ)によって決まります。右下の赤く暗い星は太陽の八パーセント程度の軽い星、左上の青く明るい星は太陽より一〇〇倍も重い星になります。

軽い星、つまり低温の星は核融合反応がゆっくりと進行しているため、長い間にわたって燃え続けます。もっとも軽い星では数兆年もの間、燃え続けることができると考えられています。

逆に重い星は、巨大な重力によって核融合反応が速く進むために寿命が短く、太陽の百倍の質量の星は三〇〇万年ほどの短期間に燃え尽きてしまいます。太陽は主系列のほぼ中央に位置する標準的な星で、寿命は一〇〇億年ほどと思われます。

◆星の老後と死　その1

星はその生涯のほとんどを主系列の星として過ごします。つまり重力による収縮と、核融合によるエネルギー（膨張力）とが釣り合った安定した状態で、輝き続けるのです。

しかし燃焼が進み、中心部分に水素の燃えかすであるヘリウムができると、ヘリウムの収縮によって圧力と温度が上昇し、周囲のまだ融合していない水素が激しく燃焼して、星の大気は膨張を始めます。これを赤色巨星《せきしょくきょせい》といい、主系列から外れてHR図の右上の方に位置することになります。夏の星座であるさそり座の一等星アンタレスや、冬のオリオン座の一等星ベテルギウスは、赤色巨星に属します。

私たちの太陽も、五〇億年後にはこうした赤色巨星になると予想されます。巨大化しながら明るさを増す太陽は、地球の大気や海水を蒸発させ、やがて水星や金星とともに地球そのものを飲み込んでしまうでしょう。

さて、赤色巨星の内部では温度がさらに上がり、一億度になるとヘリウムが核融合を始めて炭素が合成され、中心部分は収縮を始めます。しかし質量が太陽の三倍くらいまでしかない星の場合、高密度（一立方センチメートル当たり一トンほど）になると、高温により自由に動き回る電子が狭い範囲に

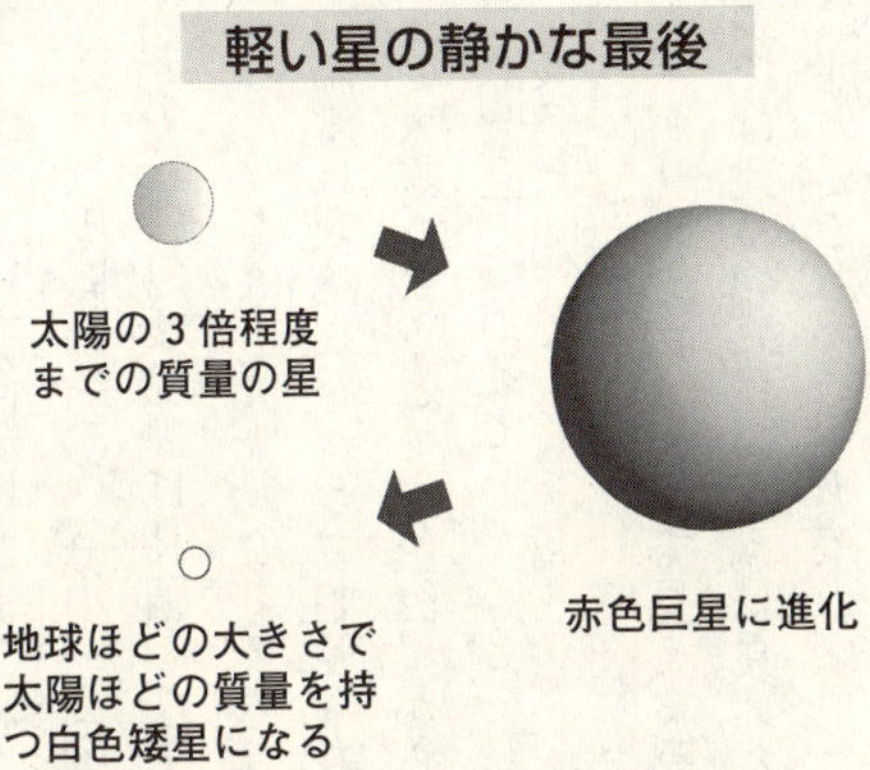
軽い星の静かな最後
太陽の３倍程度
までの質量の星
赤色巨星に進化
地球ほどの大きさで
太陽ほどの質量を持
つ白色矮星になる

押し込められることで大きな圧力（縮退圧《しゅくたいあつ》）を持つようになります。そのため星はそれ以上圧縮されずに温度も上がらず、炭素の核融合が起きません。

こうして太陽と同じ質量を持ちながら、大きさは太陽の一〇〇分の一（地球と同じ）ほどの高温の星、**白色矮星**《はくしょくわいせい》ができます。白色矮星はＨＲ図の左下の方に位置します。星の内部の核融合反応が止まってしまったために新たなエネルギーを生み出すことができず、白色矮星の温度は次第に下がって暗くなり、やがて静かな星の死を迎えるのです。私たちの太陽もこうして赤色巨星から白色矮星になり、ゆっくりと冷えながら宇宙の闇の中へ消えていくことでしょう。

白色矮星の周囲には、星から放出されたガスがリング状に光って見える**惑星状星雲**を見ることがあります。小さな望遠鏡では遠くの惑星のように見えたのでこう名づけられたのですが、正体は星の最期の姿であって、実際の惑星とは関係ありません。

◆星の老後と死　その2

太陽よりはるかに重い星の場合、その最後はまったく違う過程をたどります。主系列にいた星が赤色巨星になるところまでは同じですが、質量の大きな星では星の内部の温度が六億度以上になり、炭素が核融合反応を起こしてネオンやマグネシウムなどの重い元素が合成され、さらに核融合が進んでけい素（シリコン）や鉄ができます。鉄は核融合反応の最後の「燃えカス」で、それ以上は核融合が起こりません。

鉄となった中心核はそれ以上エネルギーを出せずに冷えていくので、中心部は自らの巨大な重力に耐えられず、一瞬のうちに潰れる重力崩壊を起こします。続いて星の外側も潰れ、中心核とぶつかって大爆発を起こします。その際に放出されるエネルギーの量は、太陽が一〇〇億年の間に出す全エネルギー量に匹敵する莫大なものです。こうして星はそれまでの何百万倍もの光を放ち、まるで新しい星が誕生したかのように見えるので、**超新星爆発**と呼ばれます。

すなわち、超新星爆発は新しい星が生まれたのではなく、星が華麗な最期を遂げたものなのです。

おうし座の中にあるかに星雲は、今から九五〇年ほど前に起きた超新星爆発の残骸であることが確認されています。爆発当時、昼間でも見える明るい星が現れたという記録が、平安時代の日本（藤原定家《てぃか》の名月記）や古代中国に残っています。また六七ページで紹介した大マゼラン星雲での超新星爆発は、肉眼で見られる約四〇〇年ぶりの超新星爆発であり、歴史的なイベントを見逃すまいとさまざまな観測がおこ

重い星の華麗な最後

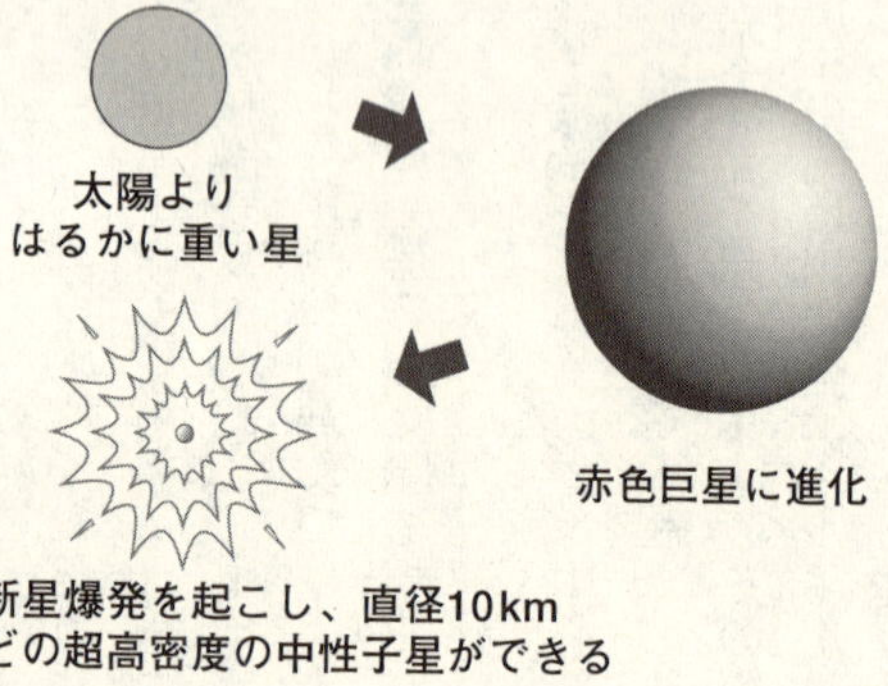
太陽より
はるかに重い星
赤色巨星に進化
超新星爆発を起こし、直径10km
ほどの超高密度の中性子星ができる

なわれました。

◆超新星爆発の残骸・中性子星

超新星爆発の際には、金や銀、ウランなど、鉄より重い元素が合成され、宇宙空間に飛び散っていくと考えられています。また、星の中心部は収縮して白色矮星よりも密度が高くなり、鉄の原子核のまわりにあった電子が原子核内の陽子に吸収されて、陽子は中性子に変わります。

原子核は一般に陽子と中性子でできていますが、陽子が中性子に変化するため、ほとんどが中性子で構成された星ができることになります。この星は直径が一〇キロメートルほどにもかかわらず、質量は太陽の約一・四倍あり、密度は一立方センチメートル当たり一〇億トン、つまり白色矮星の一〇億倍という超高密度になります。これを**中性子星**と呼びます。中性子星の内部では、中性子の縮退圧（一三二ページ参照）が大きな重力に反発することで、星を支えています。

星は通常、自転運動をしていますが、中性子星も自転しています。フィギュアスケートで自転（スピン）をおこなうとき、最初に腕を広げているときは自転スピードは遅く、腕を縮めると自転が速くなります。それと同じように、自転していた大きな星が収縮して中性子星になると、非常な高速で自転するようになります。

◆研究者の卵が発見したパルサー

中性子星の存在は理論的に予想されていましたが、その実在はなかなか確認できませんでした。

一九六七年、イギリス・ケンブリッジ大学の天文学専攻の大学院生だったベルという女性は、宇宙から一定の間隔でやって来る電波を発見しました。あまりに正確な周期を刻むため、これは宇宙人からの通信電波ではないかとさえ思われました。しかしこの電波は星から出されていることがわかり、その後、こうしたパルス（鼓動、脈拍）状の電波を出す**パルサー**が多数発見されました。

パルサーの正体は、高速で自転することで電波をパルス状に出す中性子星です。電波だけでなく、光（可視光）やX線のパルスも出しています。地球は大きな磁石になっていますが、中性子星も非常に強い磁石になっています。中性子星の磁極（N極やS極）付近からは、中性子星の周囲にある電子などが磁場の影響を受けて勢いよく放出されています。磁極軸と中性子星の自転軸は一致していないため、中性子星の自転によって磁極軸が地球の方向を向いたときだけ、電波が観測されるので、電波はピッピッという一定の間隔でやって来るように思うのです。つまりパルサーは電波を放つ宇宙の灯台のようなものだと言えるでしょう。

パルサーの中には、一〇〇〇分の一秒の周期でパルスを出すものがあります。つまりこの星はものすごい速さで自転をしていることになります。これだけ速く自転できる星の密度を計算すると、その星は白色矮星よりはるかに高い密度であることがわかりました。すなわちパルサーこそ、探し求めていた中性子星だったのです。

◆中性子星が強烈なX線を地球に浴びせる

一九九八年八月二七日、宇宙から地球にこれまでにない強さのX線やガンマ線が突然降り注ぎました。X線の放射は約五分間続き、その強度は歯医者でX線撮影をする際の強さの一〇分の一程度で、人工衛星のいくつかは安全装置が働いて観測を停止するほどでした。ただし大気がX線を遮るため、地表への影響はほとんどありませんでした。このX線放射は五・一六秒周期で強度が変動したことから、それまでも五・一六秒周期の弱いX線を出していたわし座にあるSGR一九〇〇＋一四という天体が放射源と特定されました。

周期的なX線を放射することから、この天体の正体が高速で自転しながらパルス状の電磁波を放つ中性子星であることが推測されます。また中性子星は強い磁場を持ちますが、この星の磁場の強さを計算すると一〇〇兆～一〇〇〇兆ガウスという信じられないほどの高い値になりました。もしこの中性子星が月の位置にあったら、地球上のクギくらいは引き寄せてしまうほどの強さです。

このように強い磁場を持つ中性子星は**マグネター**（磁力を持つものという意味）と名づけられました。

マグネターが爆発的に放出するエネルギーは、太陽が放射するエネルギーの数百年分にも及ぶと計算されています。通常のパルサーが放つエネルギー（電波）源は星の回転エネルギーですが、マグネターはその強力な磁場のエネルギーが源であるとする説が有力です。しかし磁場のエネルギーがX線やガンマ線のエネルギーに変換される原理はまだ解明されていません。このようにマグネターは、中性子星の最新の研究テーマとして注目を集めています。

◆世にも恐ろしい？ブラックホールの正体

周囲のあらゆるものを飲み込み、光さえ脱出できない恐ろしい？星。そんな**ブラックホール**が宇宙に存在するという話を皆さんも聞かれたことがあるでしょう。

ブラックホールは、太陽の三〇倍以上重い星が、その末期に超新星爆発を起こした際にできると考えられています。中性子星は中性子同士の反発力で巨大な重力を支えて安定していますが、中性子が支えられる重力を超えると、重力崩壊がさらに進んでいきます。つまり星はどんどん縮み、密度が高くなることで重力がますます強くなっていくのです。

超新星爆発によって残った星の核の部分の質量が太陽の三倍以上あると、重力崩壊が際限なく進んで、ついに星は一点に収縮してしまいます。このとき、その周囲には巨大な重力による暗闇、ブラックホールが誕生します。

地球から宇宙へロケットを発射するとき、ロケットは地球の重力を振り切るために巨大な推進力を必要とします。速度でいえば、秒速一一キロメートル以上になったとき、ロケットは地球の重力から逃れて宇宙空間に脱出できるのです。星の重力が強くなればなるほど、重力からの脱出に必要な速度は大きくなります。そして脱出に要する速度が光速度つまり秒速三〇万キロメートルになると、いかなる物質もその重力を振り切って脱出することはできなくなります。なぜならこの世で光より速く動けるものは存在しないからです。

ブラックホールは光さえ脱出できない強い重力によって周囲の物質を引きつけますが、自らは光も何も発しない、文字どおりの暗黒の天体なのです。

◆相対性理論がブラックホールの存在を予言した

ドイツの天文学者シュワルツシルトは、ブラックホールを「予言」した人として有名です。

アインシュタインの作った相対性理論の中に「重力場の方程式」というものがあります。これは物質の質量と、物質のまわりの空間（正確には時間と空間をいっしょに考える時空）の関係を表した式で、相対性理論の中でもっとも大切なものです。重い物質のまわりでは空間がゆがんだり、時間の進みかたが遅くなるという、感覚的には理解しがたい真実は、この方程式から示されるものです。

シュワルツシルトは、重力場の方程式をもとにして、物質のまわりで、空間がどのような状態になるかを考えました。その結果、物質Aを圧縮してある小さな半径Rの中に押し込めると、その半径内では空間がゆがんで閉じた（外の世界と切り離された）状態になり、半径内のあらゆる物質は中心方向に引き寄せられて、外部に脱出できなくなるという結論を導き出しました。

その半径Rの大きさは、物質Aの重さ（質量）によって決まりますが、これをシュワルツシルト半径と呼びます。質量が地球程度（約六〇兆トンの一億倍）だとすると、シュワルツシルト半径は約八ミリメートルに、太陽程度の質量（約二〇〇〇兆トンの一兆倍）では約三キロメートルになりま

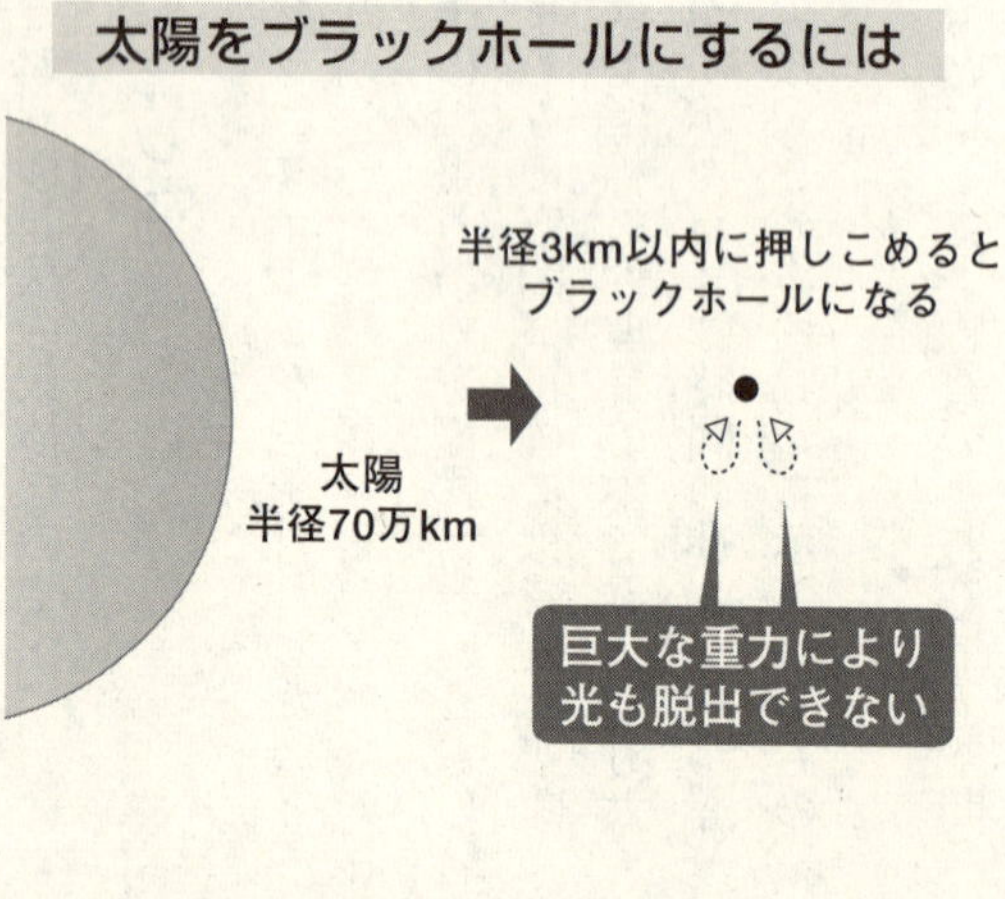
太陽をブラックホールにするには
半径3km以内に押しこめると
ブラックホールになる
太陽
半径70万km
巨大な重力により
光も脱出できない

す。つまり太陽を巨大な力で圧縮して半径三キロメートルより小さくすると、そこにはブラックホールが生まれることになります。

正確に言いますと、シュワルツシルトはブラックホールという存在そのものを提唱したわけではなく、重力場の方程式を解いて、物質が一点に縮んだ時の物質の周囲の時空の構造の解を見つけたのです。

◆見えないブラックホールをどうやって見つける？

相対性理論の生みの親であるアインシュタインは、シュワルツシルトの考えかたは認めつつも、それはあくまで理論上のことであり、宇宙にブラックホールのような物質や場所が存在するという考えには否定的でした。

しかしその後、インドの物理学者**チャンドラセカール**は、白色矮星や中性子星の内部で電子や中性子の縮退圧（一三二ページ参照）が支えることのできる星の質量には上限があることを発見し、それより重い星の最期の姿はどうなるのかについて、研究者の関心が高まりました。またアメリカの物理学者であり、原子爆弾を作ったロス・アラモス研究所の所長としても知られる**オッペンハイマー**は、非常に重い星が重力崩壊を起こしたとき、その周囲にはシュワルツシルトが示したような、周囲のあらゆるものを引き込む空間（シュワルツシルト時空）ができることを明らかにしました。

こうしてブラックホールは、実際に宇宙に存在することが期待されましたが、光も何も出さないブラックホールを見つけることは不可能に思えます。しかし一九六二年、夏の星座はくちょう座から強いX線がやってくることが発見され、やがてX線の発生源である天体、**はくちょう座X-1**が見つかりました。この天体がブラックホールではないかと考えられたのです。

ブラックホールの近くに別の星がある場合、ブラックホールは強い重力でその星の表面の物質やガスを吸い込みます。**物質やガスがブラックホールに落ちていく際に、それらが衝突して何百万度という高温になり、そこからX線が出る**ことが予想されていました。

はくちょう座X-1は二つの星が連星（一五六ページ参照）になっていて、

そのうちの一方がブラックホールであり、もう一方の星から物質を引き込んでX線を出しているのではないかと考えられています。同じようなしくみでX線を出していると思われる星がその後もいくつか見つかっています。

また、多くの銀河の中心部からは強力なX線が出ていることが確認されています。このX線の放出源として、銀河中心核にひそむ巨大なブラックホールの存在が有力視されています（4章で詳しく触れます）。

ブラックホールの有力候補

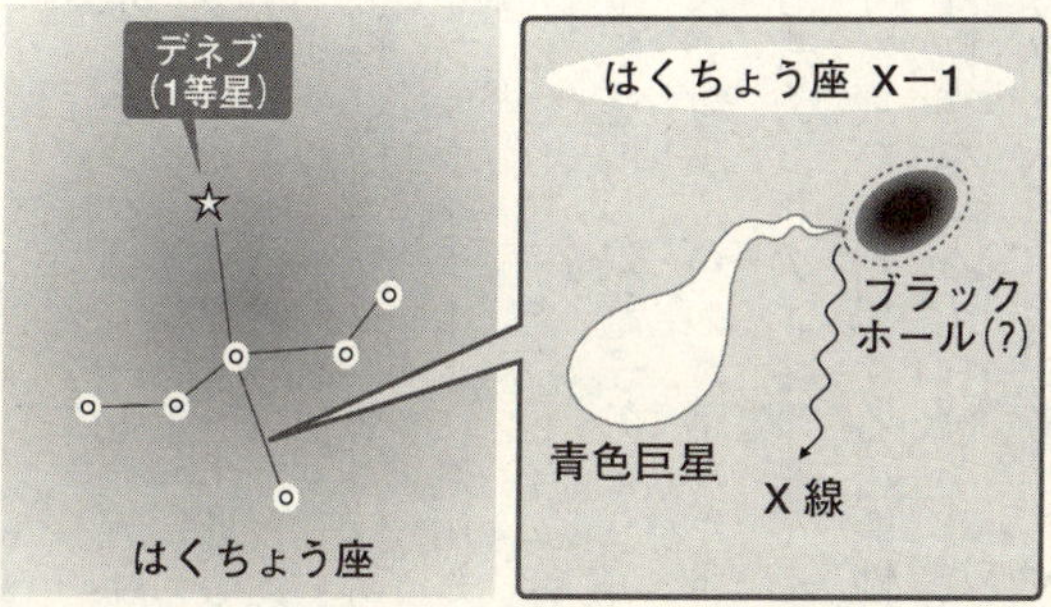

◆ブラックホールが蒸発する？

車椅子の天才物理学者として有名なイギリスの**ホーキング**は、一九七五年にブラックホールに関するそれまでの常識をくつがえす新説を発表し、世間を驚かせました。

ホーキングは量子論《りょうし》(相対性理論と並ぶ二〇世紀の物理学の二本の柱である、ミクロの世界の法則を表す理論)の考えかたをブラックホールに適用しました。そして、ブラックホールの近くでは強い重力により粒子と反粒子(マイナスの電気を持つ通常の電子に対して、プラスの電気を持つ**陽電子**《ようでんし》のように、性質が逆の粒子)が対になって生まれた後で、一方の粒子(負のエネルギーを持つほう)はブラックホールに飲み込まれて、もう一方(正のエネルギーを持つほう)がまるでブラックホールから生まれたように飛び出してくる可能性があることを示しました。それまでブラックホールは物質を飲み込むばかりだと考えられていたので、**ブラックホールがニュートリノ**(六六ページ参照)**や光**

（光子）などの粒子を放出するという考えは革命的なものでした。

通常のブラックホールは質量が大きいために、ホーキングの量子論に基づく考察の影響は無視できるほど小さくなります。しかしホーキングは超高温・超高密度の初期の宇宙の中で、無数の**ミニブラックホール**ができた可能性を指摘し、そうしたミニブラックホールでは影響が大きく表れることを明らかにしました。そしてミニブラックホールは負のエネルギーを持つ粒子を飲み込むことで自らの質量を減少させつつ温度を上げ、やがて大爆発を起こして蒸発してしまう、という結論を導き出しました。

ミニブラックホールの蒸発の際には強いガンマ線を観測できるだろうといわれていますが、そうした現象は見つかっていません。また蒸発の後に最終的に何が残るのかも解明されておらず、ホーキングのブラックホール蒸発理論はまだ研究途上にあります。

星に関する知識　あれこれ

◆星の明るさ「等級」

夜空にはさまざまな明るさの星が輝いています。星の明るさは**等級**という単位で表します。古代ギリシアの天文学者ヒッパルコスが、肉眼で見える星の中でもっとも明るいものを一等星、もっとも暗い星を六等星として、星の明るさを六段階に分類したのが等級の始まりとされます。現在では等級は厳密に定義され、一等級上がるごとに、星の明るさは約二・五倍増えることになっています。一等星は六等星のちょうど一〇〇倍の明るさを持つことになります。また一〜六等級の両側にも拡張され、たとえば太陽はマイナス二七等級、満月はマイナス一三等級、彼方の暗い冥王星は一五等級などと表します。

ただしこれらは、地球から見たときの見かけの明るさ（**実視等級**といいます）であって、その星本来の明るさとは異なります。本来は明るくても遠くにある星は、地球からは暗く見えるからです。その星の本来の明るさは**絶対等級**で表します。これは、その星を地球から一〇パーセク（約三二・六光年。パーセクについては後述）の距離に置いたとき、どの程度の明るさ（等級）で見えるかで定義します。太陽の絶対等級は約五等級となります。

◆年周視差で星までの距離を測る

さて、星の本来の明るさ・絶対等級を知るには、その星と地球との距離を測定する必要があります。しかし、これは簡単なことではありません。**天文学の中でもっとも難しいことの一つは、星や銀河までの距離を測ること**です。たとえば月までの距離は、電波（光と同じ速度）を月面に当てて戻って来るまでの時間を測れば正確に求められますが、何光年・何十光年も離れた星までは電波の往復だけで何十年も時間がかかるので、この方法は使えません。

地球から比較的近い位置にある星までの距離は、**年周視差**から求めることができます。視差とは同じものを二つの観測点から見たときの方向の差、つまり二つの方向の間の角度のことです。

地球は太陽の周囲を公転していますので、一年の中で星を見る位置が変わり、それだけ星を見る方向が変わります。夏と冬とで見える星の方向（角度）の差の半分を年周視差と定義します。

年周視差がわかると、三角測量の要領で星までの距離がわかります。具体的には、ある星の年周視差がp秒角（一秒角は三六〇〇分の一度角）であるとき、その星までの距離は「p分の

年周視差

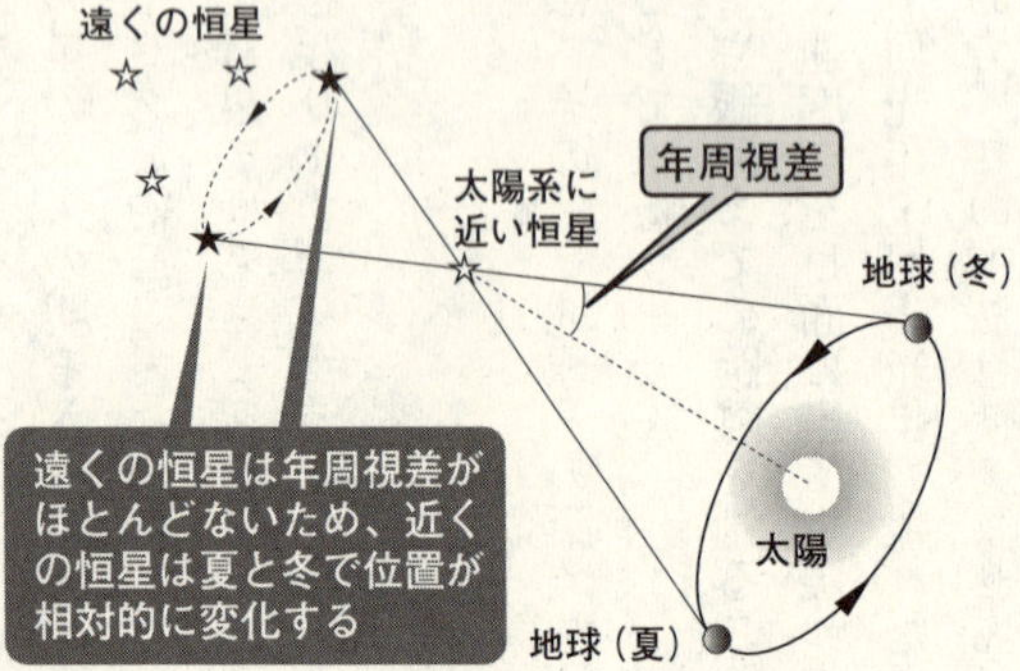

一パーセク」として求められます。**パーセク**(parsec)は視差(parallax)と秒(second)の合成語である距離の単位です。一パーセクは約三一兆キロメートルで、これは約三・二六光年に相当します。

年周視差は地球や太陽に近い星ほど大きくなります。太陽に一番近い恒星は、一二四ページでも紹介したケンタウルス座のアルファ星ですが、この星の年周視差は〇・七六秒なので、この星までの距離は約四・三光年と計算できます。太陽の次に地球に近い恒星でも、視差は一秒角に満たないほどわずかであって、光の速さで進んで四年以上もかかる遠い距離にあるのです。

◆膨張と収縮を繰り返す星・セファイド型変光星

年周視差から距離を求めることができるのは、数百光年ほどの近くにある星に限られます。遠くの星や銀河は、年周視差が非常に小さくなり、現在の望遠鏡の分解能では視差を測ることができなくなるためです。そうした場合は、**セファイド型変光星**という星を目印にして、距離を測る方法が用いられます。

星の中には、見た目の明るさが時間の経過とともに大きく変化する星があり、それを変光星と呼んでいます。北極星の近くにあるケフェウス座のデルタ星は特殊な変光星で、一定の周期で明るくなったり暗くなったりします。

これは星の生涯の末期に、赤色巨星となった星が、いったん温度が上がって膨張し、膨張によって表面温度が下がって収縮するのを繰り返す**脈動**という現象によって起こります。脈動により星の明るさは一〜二等級ほどの幅で変化します。

こうした変光星をセファイド型変光

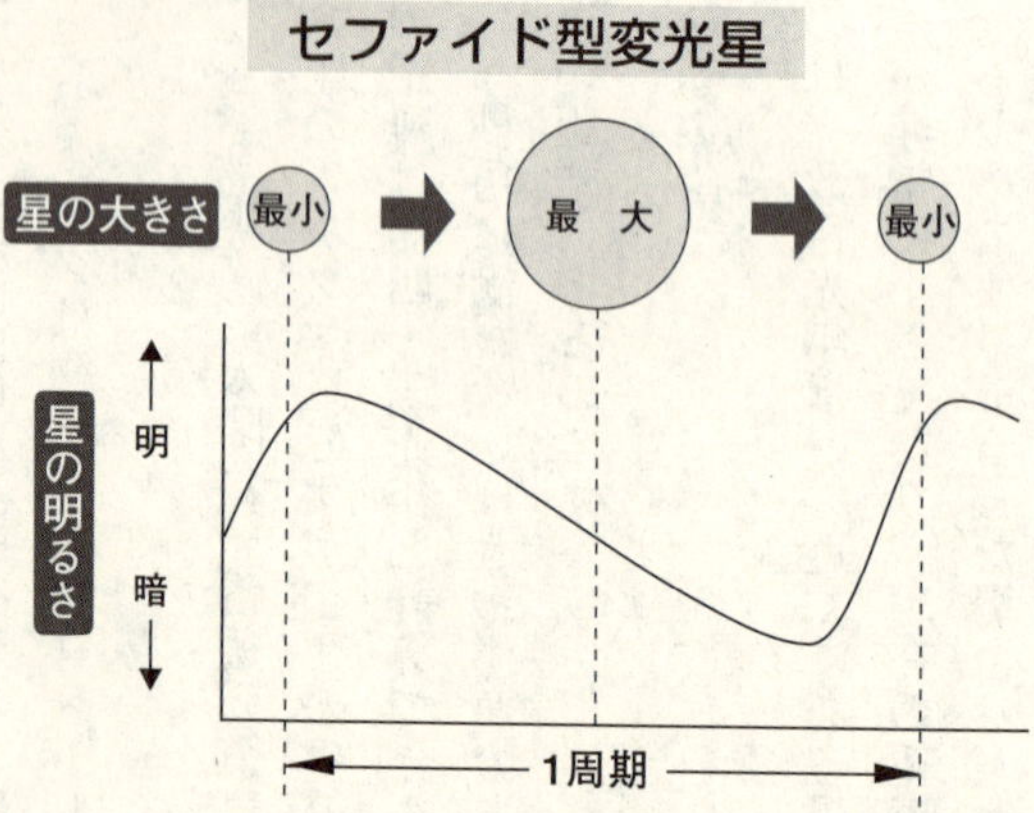

星（セファイドはケフェウスの英語読み）と分類します。セファイド型変光星の変光の周期は一日から一〇〇日の間なのですが、その周期の長短は変光星の明るさと関係があります。マゼラン星雲の中に見つかった複数のセファイド型変光星は、地球からの距離がほぼ同じなので、見かけの明るさの違いがそのまま本来の星の明るさの違いになっています。そして**変光の周期が長いほど、変光星の本来の明るさ（平均的な明るさ）が明るい**ことがわかったのです。

◆セファイド型変光星でわかる銀河までの距離

これにより、セファイド型変光星の変光周期を調べて、星の距離を求めることができます。まず、地球から比較的近くにあって、年周視差から距離がわかるセファイド型変光星を見つけ、その星の明るさと変光周期の関係を調べておき、これを基準とします。次に変光周期がさきほどの星と同じであるセファイド型変光星が見つかったとします。**セファイド型変光星は、変光周期が同じであれば、星の本来の明るさは同じはずです。**それにもかかわらず、見つかった星が見かけ上、基準の星より暗く見える場合、それはそのセファイド型変光星がもっと遠くにあることがわかるのです。つまり見かけの明るさの違いから、**基準の星の何倍の位置にあるのかが計算できるわけです。**

したがって、セファイド型変光星が見つかれば、それが属する銀河までの距離がわかることになります。宇宙膨張を発見した天文学者ハッブルは、それに先立つ一九二四年、アンドロメダ星雲の中にセファイド型変光星を見つけ、その変光周期と見かけの明るさの関係から、アンドロメダ星雲は約九〇万光年の彼方にあると計算しました（その後二三〇万光年に修正されました）。それまでアンドロメダ星雲は私たち太陽系の属する天の川銀河（直径約一〇万光年）の内部にあるとする説が一般的だったのですが、実際は天の川銀河の外にある別の銀河であることが明らかになったのです。

セファイド型変光星によって測れる距離は約五〇〇〇万光年までで、さらに遠くの銀河などは、別のいくつかの方法で距離を測ります。たとえば銀河の中で超新星爆発を起こした星を利用する方法があります。超新星爆発の際の本来の明るさはどれもほぼ同じであると考えられています。したがってセファイド型変光星によって距離がわかっている銀河の中で超新星爆発を起こしている星の見かけの明るさを基準にして、遠くの銀河の中の超新星爆発（銀河の中でもっとも明るい星がそうです）の見かけの明るさをを測れば、その銀河までの距離がわかります。このように、遠方の天体までの距離はいくつかの「はしご」をついでいくようにして調べているのです。

◆星の質量はどう測る？

次に星の質量（重さ）の測定方法をお教えしましょう。遠方にある巨大な星の質量を、いったいどのようにして求めるのでしょうか？

七八ページで説明したケプラーの第三法則は「各惑星の公転周期の二乗は、太陽からの平均距離の三乗に比例する」というものでした。この式をニュートンの万有引力の法則に合わせて書き直すと、距離の三乗を公転周期の二乗で割った値は、恒星と惑星の質量の合計に比例するという式が得られます。

この式は恒星と惑星だけでなく、惑星と衛星の関係や、**連星**《れんせい》にも適用できます。宇宙の星の半数は、ひとりぼっちで存在しているのではなく、二つの恒星が互いの重力で引き合って、共通重心と呼ばれる点のまわりをそれぞれの軌道を描いて公転していると考えられています。

（なお、地球からは見かけ上接近して見えますが、実際には空間的に離れている星を二重星と呼び、空間的にも近くに存在する連星とは区別されます）

こうした連星を観測すると、近づいたり離れたりしながらふらふらと蛇行

公転運動と星の質量の関係

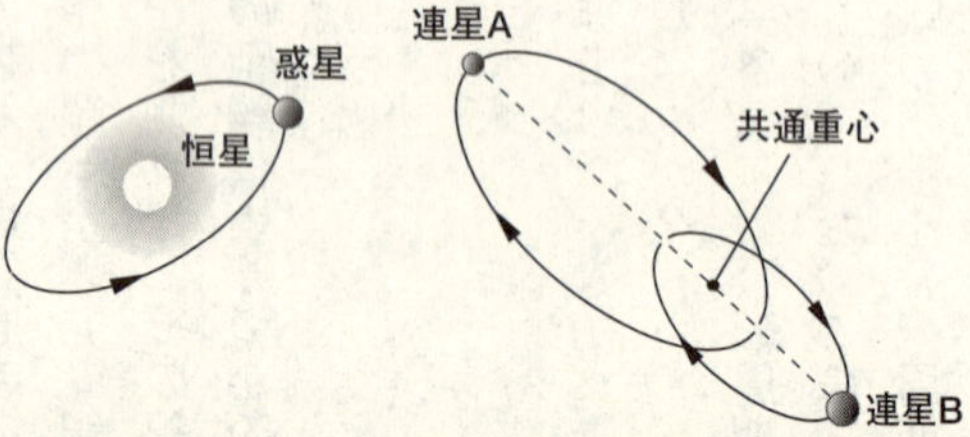

$$\frac{(\text{2つの星の平均距離})^3}{(\text{公転周期})^2} = \frac{G}{4\pi^2} \times (\text{2つの星の合計質量})$$

G：万有引力定数、π：円周率

するように見えます。その周期は数十年という単位ですが、これを観測して、二つの星の公転周期と両星間の平均距離を得ることができれば、ケプラーの法則から二つの星の合計質量が求まります。二つの星のそれぞれの質量は、共通重心からの距離に反比例します。つまり相手より二倍重い星は、共通重心から半分の距離を回ります。したがってそれぞれの星の質量もわかるのです。このように、連星になっている星はその質量を求めることができます。

◆シリウスの伴星の質量を測ると

星の直径は、主系列星（一二九ページ参照）の場合、原則として星の絶対等級（本来の明るさ）に関係し、明るい星ほど大きな星となります。そこで、星までの距離がわかれば実視等級（見かけの明るさ）から絶対等級がわかり、星の直径もわかります。そして質量と直径がわかれば星の密度が求められます。

冬の星座おおいぬ座のシリウスは、夜空で一番明るく見える恒星です（実視等級はマイナス一・五等級）。一九世紀半ば、シリウスがわずかにふらふらと動くことから、シリウスは連星になっているのではないかと思われ、実際にその近くにもう一方の暗い星（伴星《ばんせい》と呼びます）が発見されました。この伴星の質量と大きさを調べた結果、地球ほどの直径しかないのに、質量が太陽に匹敵する高密度の星であることがわかりました。これが一三二ページで説明した白色矮星の発見だったのです。

その他、星の色からHR図を利用して質量を調べる方法もあります。一二八ページでHR図を説明したとおり、主系列の星の色とその絶対等級には密接な関係があります。また主系列星は絶対等級が星の質量と関係し、明るい星ほど重い星であることもわかっています。したがって、連星ではない星も、星の色から質量を求めることができるのです。

◆星の構成物質の知り方

その星がいったいどんな物質（元素）からできているのかも、星からの光を調べることでわかります。

自然界の光（電磁波）は、通常はさまざまな波長のものが入り交じってできています。これを波長ごとに分けて、どの波長の光がどれだけの分量混ざっているかを調べることを**分光**《ぶんこう》といいます。プリズムに太陽の光を通すと七色に分かれますが、これはプリズムが太陽光を波長ごとに分光しているのです。

星からの光を分光すると、ある特定の波長の光が特に強かったり、逆に特に弱かったりしていることがわかります。これは星の表面にある元素が、特定の波長の光や電磁波を放出したり吸収したりするためです。特に明るい波長のことを**輝線**《きせん》、特に暗い波長のことを**吸収線**といいます。元素の種類ごとに輝線や吸収線の波長は決まっています。

したがって、星からの光の輝線や吸収線を調べることで、星の表面にどんな元素があるのかがわかります。一九世紀にドイツの望遠鏡製作者フラウンホーファーは太陽光を分光し、多数の吸収線があることを発見しました。これを**フラウンホーファー線**と呼びます。フラウンホーファー線から太陽の表面や周囲の大気にどんな元素があるのかがわかります。

さて、フラウンホーファー線の中に、地球上のどんな元素とも一致しない吸収線が発見されました。これは太陽にしかない新しい元素による吸収線だと考えられ、ギリシア神話の太陽神ヘリオスにちなんで、その未知の元素はヘリウムと名づけられました。ヘリウムはその後、地球の大気からも見つかることになりました。

なお、星の中心部分にどんな元素があるのかは、なかなか調べることができませんでした。星の中心部から出た光（電磁波）は、星の表面にたどりつくまでにさまざまな物質と衝突したり、物質に吸収されたりして、本来の情報を失ってしまうからです。こうした星内部の様子を探るために、物質とほとんど作用せずに通り抜けてしまうニュートリノ（六六ページ参照）を観測する天文学が進んでいるのです。

4章

銀河を超えて
宇宙の彼方へ

◎イントロダクション

最新のハイテク望遠鏡によって、私たちははるか彼方の暗い天体を見ることができるようになりました。ただし遠くの星の、それ一個の明るさは暗すぎて観測不可能です。観測できるのは星の大集団である銀河の光です。広大な宇宙の全体像を考えるとき、天文学ではその最小の構成単位を銀河におきます。

宇宙の中での銀河の分布を調べる（つまり宇宙の地図を作る）うちに、面白いことがわかってきました。銀河は宇宙の中で均等にちらばっているのではなく、蜂の巣のような形に分布しているのです。

現在の天文学の中でもっともホットな分野の一つが、銀河の研究です。銀河が隠し持つ「ダークマター」の正体、銀河の渦巻の謎、一〇〇億光年もの彼方で膨大なエネルギーを放つ天体・クェーサーなど、話題に事欠きません。そして宇宙の中で銀河がいつ頃誕生し、どう成長してきたのかを探ることは、宇宙の歴史を解き明かすことに直結する重要なテーマです。

4章では、こうした銀河に関する知識や最新情報を紹介しましょう。

私たちの銀河・天の川銀河

◆天の川は二〇〇〇億個の恒星の集まり

夜空を横切る天の川は、古代中国から伝わった織姫・彦星の七夕伝説の舞台として知られています。また古代ローマでは、ちょうど牛乳をこぼした跡のように見えることから「ミルクの道（Milky Way）」と呼びました。

薄く広がる雲のように見える天の川の正体が何であるのか、昔の人々はわかりませんでしたが、ガリレオは望遠鏡を天の川に向けて、それが重なり合うように分布した無数の暗い星々であることを発見しました。

天の川はベルト状に夜空を一周していますが、このことから一八世紀のドイツの哲学者カントは**「天の川を構成する星々は私たちのまわりに薄い円盤状に広がっている」**と考えました。円盤の中央部に私たちの太陽や地球があって、そこから周囲の星を見渡すと、ちょうど細い帯のように連なって見えるからです。実際に、天の川は私たちの太陽を含む約二〇〇〇億個もの恒星の集団である**天の川銀河**（または銀河系とも呼びます）の円盤状の部分を、横方向に見ているために星が密集して見えるのです。

◆太陽は天の川銀河のどこにある？

一八世紀の末、１章で紹介した天文学者のハーシェルは夜空の星々を観測して、天の川銀河は私たちの太陽を中心として円盤状に広がっていて、その大きさは七〇〇〇光年ほどであると考えました。しかしこれは、地球から見えるごく近くの星の分布だけを考えたものでした。遠くの星からの光は、天の川銀河の中を漂う星間ガスに吸収されてしまうので、観測することができないのです。しかしそのことがわからなかったため、「太陽は天の川銀河の中心である」とする考えは二〇世紀に入っても支持されました。

一九一八年、アメリカの天文学者**シャプレー**は**球状星団**の分布を調べていました。球状星団は生まれてから一〇〇億年以上も経った古い星が数万個から数十万個も集まった、星の大集団です。この球状星団は、天の川から離れた場所にも多く見えるので、天の川の内部の星間ガスに遮られることなく、遠くのものまで観測することができます。

シャプレーは数十個の球状星団を観測した結果、球状星団が夏の星座のいて（射手）座の方向に多く見られることから、天の川銀河の中心はその方向にあると考えました。また球状星団の本来の明るさを一定と考えてその距離を測り、私たちの太陽系が銀河の中心

ハーシェルが想像した天の川銀河

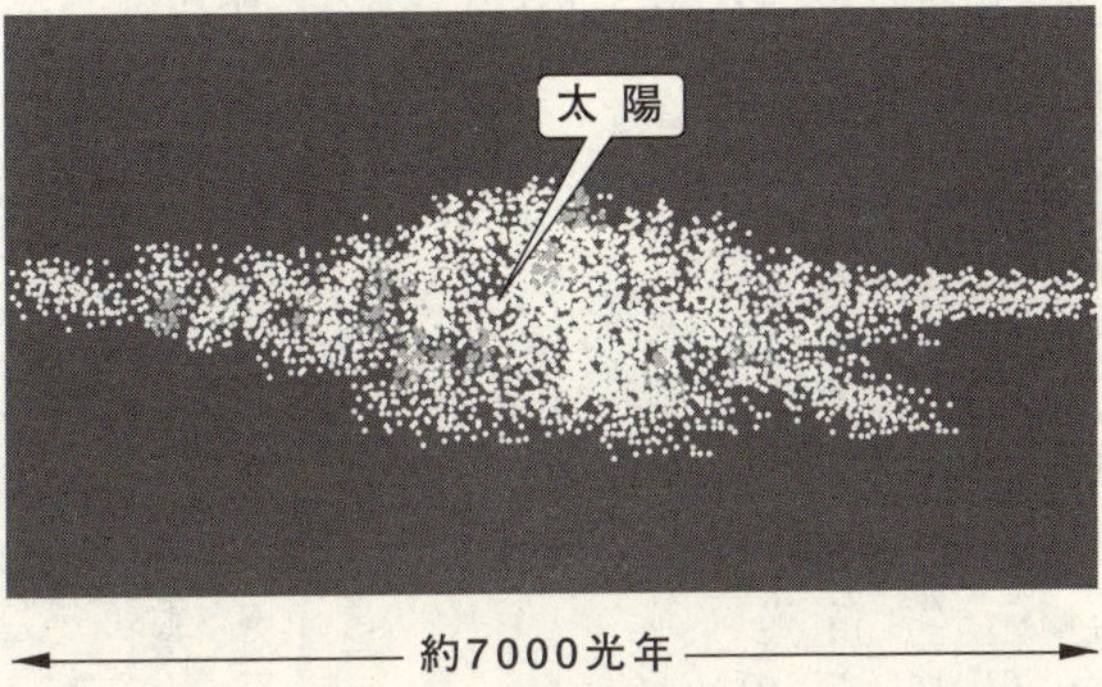

から五万光年も離れたところにあることを知りました（その後、距離は約三万光年に修正されました）。

またオランダの天文学者オールトは、天の川銀河に属する恒星が、惑星が太陽のまわりを公転するように、銀河の中で回転運動をおこなっていることを発見しました。オールトは彗星の起源の一つとされるオールトの雲（一一六ページ参照）を提唱した人でもあります。

◆天の川銀河の構造を探る

現在、天の川銀河の姿は以下のようなものであることがわかっています。

天の川銀河は、**渦巻《うずまき》銀河**と分類される銀河の一つであり、二〇〇〇億個もの星の大集団です。その構造はバルジ、銀河円盤、ハローの三つに大きく分けられます。**バルジ**は銀河の中心部の厚さ一・五万光年ほどの膨らみです。濃い星間ガスや恒星が密集して存在しています。バルジの中心部から強い電波が観測されるため、銀河のもっとも中心には太陽の一〇〇万倍もの質量を持つ巨大な

天の川銀河の実際の姿

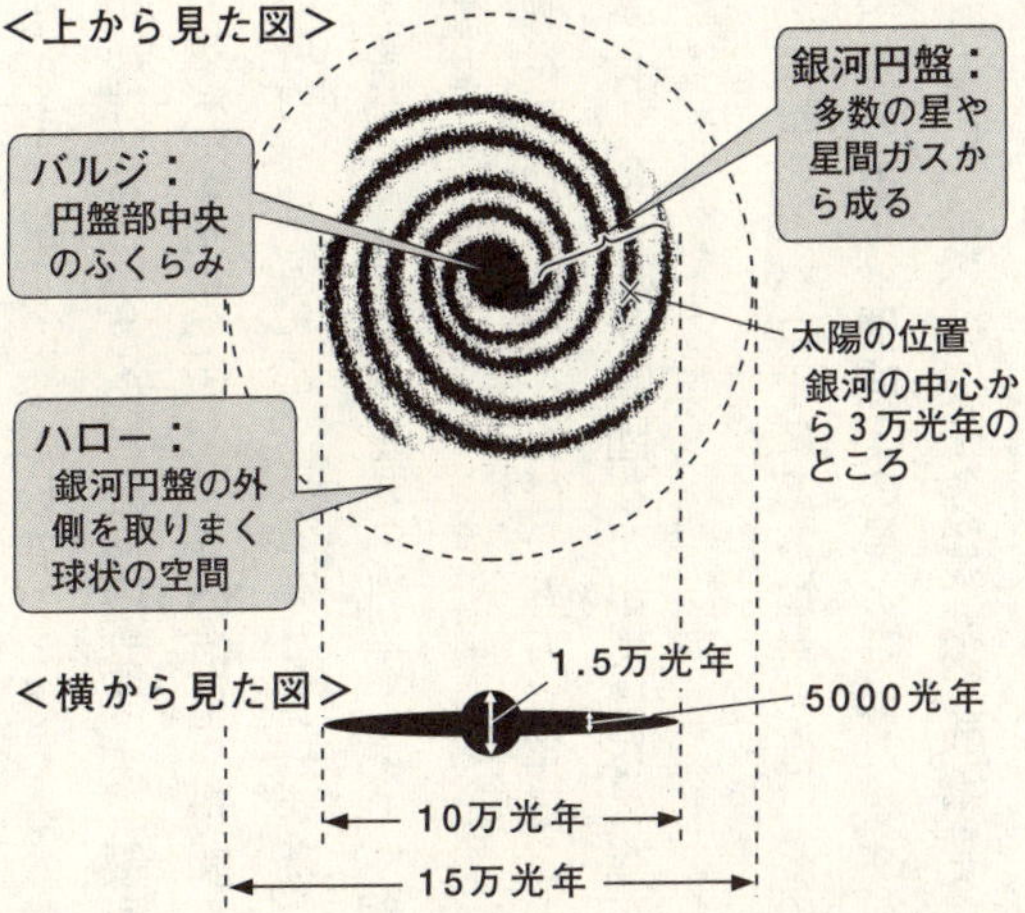
＜上から見た図＞
バルジ：
円盤部中央のふくらみ
銀河円盤：
多数の星や星間ガスから成る
太陽の位置
銀河の中心から3万光年のところ
ハロー：
銀河円盤の外側を取りまく球状の空間
＜横から見た図＞
1.5万光年
5000光年
10万光年
15万光年

ブラックホールがあると考えられています。ブラックホールが周囲の物質を吸い込む際に発生するエネルギーが、電波としてやってくるのです。

バルジの周囲に薄く円盤状に広がるのが**銀河円盤**です。銀河円盤の直径は約一〇万光年、厚さは約五〇〇〇光年です。多くの恒星や星間ガスが、この円盤上の渦巻の線（「**腕**《うで》」と呼びます）に沿って分布しています。私たちの太陽は銀河円盤上の腕の一つ「オリオンの腕」という部分にあり、銀河の中心から約三万光年のところに位置しています。

そして銀河円盤の外側を囲むように、直径一五万光年ほどの球状の空間である**ハロー**があります。ハローには球状星団などがまばらに存在する程度で、希薄な空間になっています。

バルジや銀河円盤上の恒星と、ハローにある恒星とは、その種類が異なっています。バルジや銀河円盤の恒星は**種族Iの星**と呼ばれます。種族Iの星は内部に水素やヘリウムより重い元素、たとえば炭素や酸素を多く含んでいますが、これは星内部の核融合反応が進んでいることを意味します。3章で重い星は核融合反応が速く進み、星の寿命が短いことを話しましたが、重い元素を含む種族Iの星は急速に燃えている寿命の短い星、すなわち宇宙の歴史の中では比較的新しい時期に生まれた星であるとわかります。一二七ページで触れた散開星団は、種族Iの星の集団です。

一方、ハローにある恒星は**種族IIの星**といい、ヘリウムより重い元素をわずか（種族Iの星の一〇分の一から一〇〇分の一）しか含みません。種族IIの星は今から一〇〇億年以上前に生まれ、ゆっくりと燃えている古い星です。宇宙が生まれて間もない頃のガス、つまり星の燃えかすである重い元素がまだ宇宙空間にまき散らされていないフレッシュなガスから作られた星と言えます。球状星団も種族IIの星に属します。

◆電波が銀河の形を教えてくれる

天の川銀河の中で、星がどのように分布しているかを調べるためには工夫がいります。銀河を外側から眺めることができれば、分布の様子は一目瞭然にわかりますが、地球や太陽は天の川銀河の中にあり、内側から銀河の全体像を描くことはなかなか困難です。銀河円盤の厚さだけでも五〇〇〇光年もありますから、その外側にロケットで出ていって外から天の川銀河の写真を撮るわけにもいきません。

天の川銀河の中での恒星の分布は、星間ガスに含まれる**水素原子が出す電波**を分析することで明らかになりました。水素原子は二一センチメートルの波長の電波を出すのですが、この電波は光（可視光）と異なり、星間ガスに吸収されて遮られることなく地球までやって来ます。この電波を分析することで、星間ガスの分布や濃度を調べることができます。星間ガスの濃度が濃い部分では、そこから生まれる恒星も多いことがわかります。

また、星間ガスからの電波の波長が二一センチメートルより長く観測される場合は、電波を出している星間ガスが地球から遠ざかっていて、逆に二一センチメートルより短い場合は、星間ガスが地球に近づいていることがわかります。これは五七ページで説明した**赤方偏移**や**青方偏移**（赤方偏移と反対に、近づく光源から出た光や電磁波の波長が、もともとの波長より短く観測される現象）と呼ばれるものです。

星間ガスの密度が高い分子雲（一二六ページ参照）の領域では、水素原子が単独では存在せず、二つ集まった水素分子になっているので、二一センチメートルの波長の電波を出しません。その代わりに、分子雲の中の一酸化炭素が波長二・六ミリメートルの電波を出すので、これを観測します。

こうした観測から、星間ガスの分布や運動がわかり、多くの恒星が銀河円盤上の渦状の腕に沿って分布している私たちの天の川銀河の姿が明らかになったのです。

◆銀河にひそむダークマターとは？

水素原子が出す波長二一センチメートルの電波は、じつは銀河円盤の外側からもやって来ています。このことから、星間ガスは銀河円盤だけでなく、その周囲のハローにも存在していることがわかりました。この電波の赤方偏移や青方偏移の程度から銀河の回転速度を調べると、不思議な現象が明らかになりました。**銀河の外側の部分にある星間ガスや星が、予想以上に速い速度で回転運動をしているのです。**

物理法則によると、星や星間ガスが重力によって銀河の中を回転する場合、その回転速度は銀河の中心からの距離（回転半径）と、その半径内に物質がどれだけあるか（質量がどれだけか）によって決まります。銀河の中心から遠い距離を回るほど、また半径内の質量が少ないほど、回転速度は遅くなります。これは太陽系の惑星が、太陽に近い惑星ほど公転のスピードは速く、遠くの惑星はゆっくりとした速度で回転することを表したケプラーの第三法則（七八ページ参照）と同じ原理に基づきます。一般に遠い距離にある物体ほど重力による回転（公転）速度が遅くなる運動をケプラー運動と呼びます。

銀河内の星や星間ガスがケプラー運動をしていると考えると、銀河の中心から外側に向かうにつれて、回転速度は減少しなければなりません。しかし実際に観測される速度は、左のページの図のように、銀河のごく中心以外ではほぼ一定になっていたのです。

銀河の内側でも外側でも同じ回転速度を保つには、銀河の外側部分に大量の質量つまり物質が存在しなければいけません。しかし銀河中心には星や星間ガスが密集して明るく輝いていますが、外側に行くほど星はまばらになり暗くなっています。それにもかかわらず、銀河の質量を外側ほど重くするためには、一見突飛な考えに思えますが、光や電波などでは観測できない正体不明の物質が、銀河の中に大量に存在すると考えざるを得なくなります。こうした物質が天の川銀河の中にどれだけ

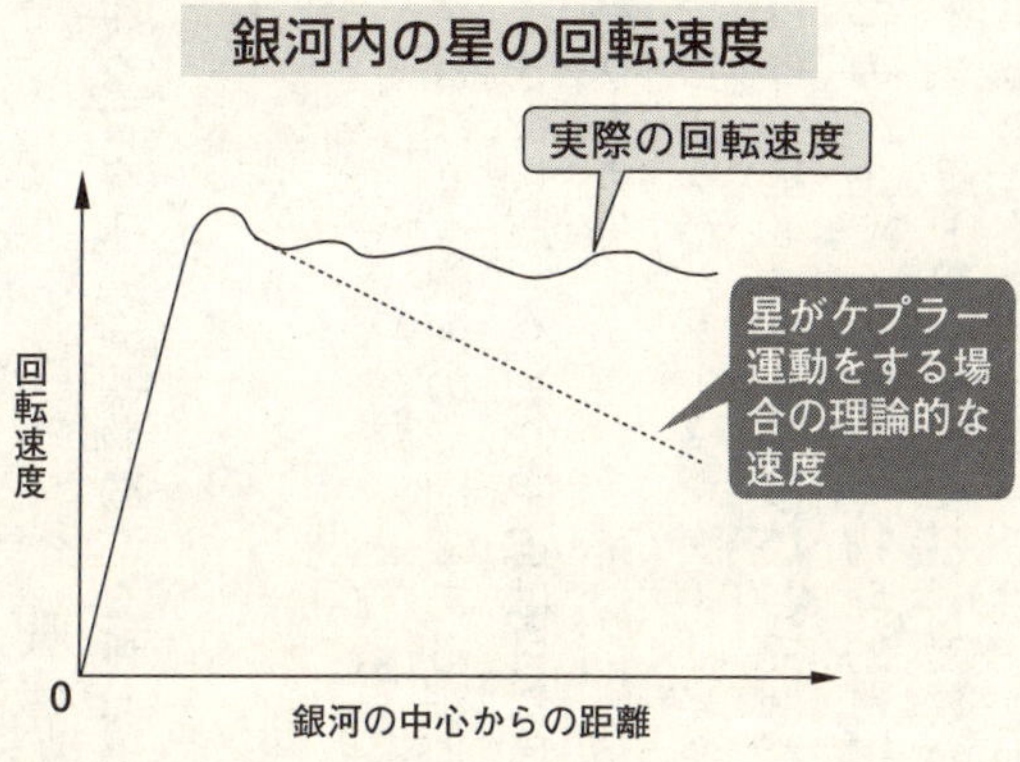

含まれているかを計算すると、星や星間ガスなどの見える（観測できる）物質の一〇倍もの質量になることがわかったのです。

この目に見えず、正体も不明の物質は**ダークマター**（暗黒物質）と呼ばれるようになりました。

◆ダークマターの正体に迫る

こうしたダークマターは、銀河の中だけではなく、銀河の集団である銀河団や超銀河団の中にも存在することがわかってきました。つまり**宇宙は目には見えない正体不明の物質で満ちていること**になります。

ダークマターの正体は、いったい何なのでしょうか。ダークマターは光を発しない物質ですので、単純に考えれば恒星以外の星、つまり惑星などではないかと思えます。しかし、現在の宇宙論（宇宙の誕生やその歴史を物理的に説明する理論）では、宇宙の初期にできるバリオン（陽子や中性子など、複数のクォークからできている物質）の量には上限があって、大量には存在できないことがわかっています。恒星や惑星を構成している元素など、私たちの身近にある物質のほとんどはバリオンからできていますが、ダークマターはそれ以外の物質で作られている、ということになります。

ダークマターの正体の候補の一つは、一四七ページで紹介したミニブラックホールです。宇宙の初期に、超高温・超高密度のビッグバンと呼ばれる状態の中から、あらゆる元素は作られてきたと考えられています。そのビッグバン以前に、光（フォトンという素粒子）だけが固まってできる小さなブラックホールが無数に誕生して、それが現在も宇宙空間に存在するというのです。ブラックホールは巨大な質量を持ち、光をまったく発しないので、ダークマターの候補にふさわしいと言えるでしょう。通常のブラックホールはバリオンからできていますので、「バリオンの上限」を考えると目に見える物質の一〇倍もの量は存在できませんが、宇宙の初期にできたミニブラックホールはバリオンとは無関係にできたとされるので、バリオンの上限問題もクリアできます。

また、**素粒子の「超対称性《ちょうたいしょうせい》理論」が予言する仮想的な素粒子が、ダークマ**

ターの正体であるとする説もあります。この理論によると、物質の究極の構成要素である素粒子はすべてペアで存在することになっていますが、超対称性のパートナー粒子は一つも発見されていません。たとえば、電磁気的な力を伝える光子（フォトン）は存在しますが、ペアを組む未知の超対称粒子フォティーノもきっとあるはずで、これがダークマターの正体でもあるというのです。

その他にもダークマターの正体に関するさまざまな説がありますが、どれも確実な証拠はまだ得られていません。

宇宙の中での銀河の分布

◆さまざまな銀河の形

宇宙には、私たちの天の川銀河と同じように、無数の恒星や星間ガスが集まった**銀河**が数多くあります。銀河の質量は、天の川銀河の一〇〇分の一のものから五〇倍ほどのものまでさまざまです。銀河はその形から、渦巻銀河、楕円銀河、不規則銀河などに分類されます。これは、あらゆる銀河が遠ざかっていることから宇宙の膨張を発見したハッブル（二八ページ参照）が、銀河を形状で分類したことに基づきます。

渦巻銀河は、私たちの天の川銀河やアンドロメダ銀河のように、きれいな渦を巻いている銀河です。渦巻銀河の腕の部分は、種族Iの星と星間ガスからできていて、そこでは次々と新しい星が生まれています。

渦巻銀河には、中心部から棒が突き出しているように見える棒渦巻銀河というものもあります。私たちの天の川銀河も、電波による観測からじつは棒渦巻銀河ではないかとする説が出されています。

楕円銀河は渦がなく、円形や楕円形に見える銀河です。主として種族IIの古い星からできていて、星間ガスがないために新たに星は生まれません。

これまでに観測された銀河のうち、約三分の二が渦巻銀河に分類されます。しかし宇宙全体では、楕円銀河のほうがはるかに割合が多いと考えられています。楕円銀河のほとんどが薄暗いため、発見されにくいのだと思われます。

例外的に明るい楕円銀河に、M八七銀河があります。おとめ座銀河団（銀河団については後述）の中心に位置し、天の川銀河の四〇倍の質量を持ち、莫大なエネルギーを放出しています。M八七銀河の中心核には、太陽の三〇億倍もの質量を持つ巨大なブラックホールがひそんでいると考えられています。

南半球で見える大マゼラン星雲と小マゼラン星雲は、**不規則銀河**に分類されます。その名のとおり、不規則銀河は一定の形を持ちません。小さな銀河が大きな銀河の重力によって形をゆがめられて、不規則銀河になるものが多いと考えられています。二つのマゼラン星雲は私たちの天の川銀河から約一七万光年の距離にあり、私たちのまわりを回っている「子供」の銀河で、天の川銀河によって形をゆがめられたのです。不規則銀河は種族Ⅰの星と星間ガスから成り、新たな星の形成が今もおこなわれています。

◆アンドロメダは銀河か星雲か

マゼラン星雲は、実際は銀河なのに星雲としばしば呼ばれ、またアンドロ

銀河のさまざまな形

楕円銀河

不規則銀河

メダ銀河も「アンドロメダ（大）星雲」と呼ばれることがあります。これはかつて、私たちの天の川銀河の中にあるガスの雲、つまり星雲（散光星雲、暗黒星雲、惑星状星雲など。3章参照）と、天の川銀河の外にある別の銀河との区別がつかずに、両方とも星雲と呼ばれていたためです。マゼラン「星雲」やアンドロメダ「星雲」が、私たちの銀河と同じような無数の星々の集まりであることがわかったのは、一九二〇年代のことです（一五四ページ参照）。

また、銀河や星雲にはM何々という名前を持つものがあります。アンドロメダ銀河にもM三一という別名があります。これは一八世紀のフランスの天文学者**メシエ**が星団や星雲、銀河の一覧表を作った際につけた通し番号です（Mはメシエの頭文字）。ちなみにウルトラマンの故郷とされたM七八星雲は、オリオン座の近くに見える散光星雲です。

現在、銀河や星団、星雲の名前は正式にはNGC何番やIC何番などと呼ばれています。これは一九世紀末にアイルランドの天文学者ドライヤーが七八四〇個の星雲や星団を記載したNGC（ニュー・ジェネラル・カタログ）や、その後追加されたIC（インデックス・カタログ）に基づく名前です。

◆渦巻銀河の「巻かれ方」が意味することは？

渦巻銀河を望遠鏡で見ると、きれいな渦を巻いています。ところで、天の川銀河に含まれる星間ガスが、銀河の中央付近でも外側でも、みなほとんど同じ速度で動いていたという話を思い出してください（一七二ページ）。これは天の川銀河に限らず、**どの渦巻銀河も星や星間ガスの回転速度が内側と外側でほぼ同じであることが**、近距離にある銀河の観測からわかってきました。

陸上競技のトラックでは、内側のコースのほうが外側のコースより距離が短いですから、同じスピードの人が走れば、内側の人が早くトラックを一周できます。同じように、**銀河の内側と外側で星や星間ガスが同じ速度で回転していれば、当然内側のほうが短時間に一周できる**わけです。

計算によると、銀河の中心付近では星や星間ガスは数億年で一周しますが、外側では一周に数十億年かかることになります。したがって外側の渦の「腕」

が一周する間に中心部分の腕は何回転もして、ギリギリときつく巻き込まれてしまうはずです。ところが、観測される どの渦巻銀河もゆったりとした渦巻になっており、中心部で腕を何回転も巻きつけている銀河は見つかっていません。これは不思議なことです。

銀河の腕の巻かれ方の謎は「密度波理論」によって説明できます。これは星や星間物質の密度が周囲より高くなっている部分が、波のように銀河円盤内を回っていると考えるものです。

密度波の例に音波があります。音は空気の分子の密度の濃い部分と薄い部

内側も外側も同じ速度で回転すると

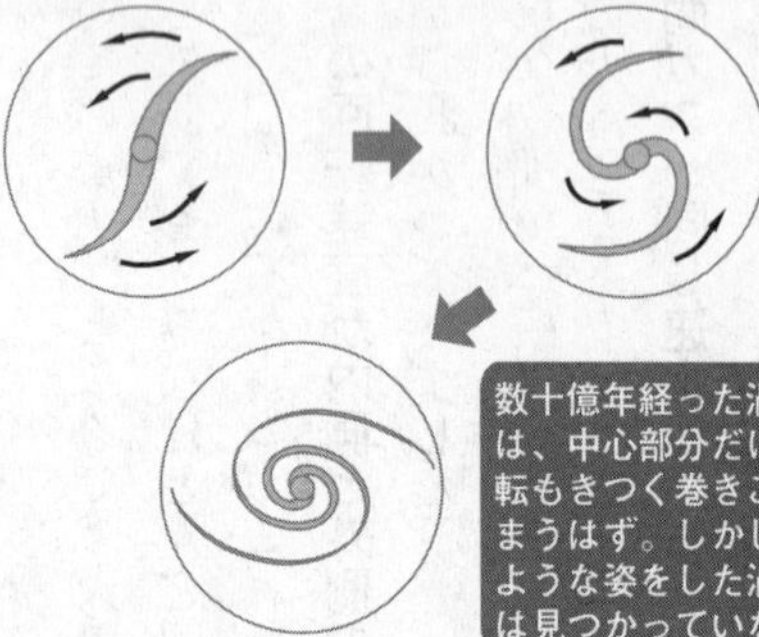

数十億年経った渦巻銀河は、中心部分だけを何回転もきつく巻きこんでしまうはず。しかし、そのような姿をした渦巻銀河は見つかっていない。

分が、波として伝わっていくものです。この際、空気中の窒素分子や酸素分子自体は、振動するものの移動はしていません。密度の濃淡のパターンだけが空気中を伝わっていくのです。

銀河円盤の中でも密度波が回っていて、星間ガスの密度の濃淡を生み、密度の濃い部分では新しい星が生まれて、明るく輝いて見えます。また明るい星は短期間で燃え尽きますが、さほど明るくない星はゆっくりと燃えながら、質量を失って次第に銀河円盤の外側へ運び出されます。その様子が、全体として渦巻き状に見えるのです。つまり渦巻はただの模様にすぎず、実際に星が模様のとおりに動いているわけではないので、巻き込みの問題も起こらないのです。

◆宇宙では銀河同士が頻繁に衝突している！

無数の恒星が集まって銀河を構成するように、銀河も宇宙の中でいくつかの集団を作って存在しています。私たちの天の川銀河の周囲約三〇〇万光年の範囲に、約三〇個ほどの銀河が集まっています。大小二つのマゼラン星雲や、アンドロメダ銀河もその中に含まれます。これを局部銀河群と呼んでいます。

天の川銀河とアンドロメダ銀河は、お互いの重力によって秒速約二七五キロメートルほどの速度で近づいています。ハッブルが宇宙の膨張を発見した際、すべての銀河が私たちから遠ざかるように見えたことを話しました。一般に別の銀河団（後述）に属する銀河は、宇宙の膨張によってお互いに遠ざかりますが、銀河団や銀河群内の銀河同士は、重力によって近づきます。

銀河の平均的な大きさが一〇光年くらいなのに対して、銀河間の平均距離は二〇〇光年ほどです。つまりそれぞれの銀河はかなり密集して存在しているため、宇宙の中では互いの重力によって引き合う二つの銀河がすれ違ったり衝突したりすることがしばしばあります。秋の地平線近くに見えるちょうこくしつ（彫刻室）座の中にある車輪銀河は、渦巻銀河の中を別の銀河が通り抜けたときの衝撃で、銀河が車輪のようなリング状に広がったとされています。

二つの銀河が衝突するといっても、銀河の中の星と星との距離は十分離れているので、星同士が衝突することはほとんどありません。しかし銀河に含まれるガスやチリ同士が接触して高温に熱せられ、そこで新しい星が爆発的にたくさん生まれることがあります。これを**スターバースト**（五九ページ参照）と呼びます。先ほどの車輪銀河のリングの中でも、数十億個もの新しい星が生まれていると考えられています。

◆銀河はさらに大きな集団・銀河団を作る

銀河群より規模が大きな銀河の集まりで、直径一〇〇〇万光年から二〇〇〇万光年の範囲に数百個から三〇〇〇個ほどの銀河が集まっているものを**銀河団**といいます。春の星座おとめ座の中に見えるおとめ座銀河団は、私たちにもっとも近い銀河団（それでも約五〇〇〇万光年の彼方にあります）で、大小二〇〇〇個以上の銀河を抱えています。おとめ座銀河団の中心部分には、M八七（一七八ページ参照）などのいくつかの巨大な楕円銀河が存在しています。

銀河団の中でそれぞれの銀河の動きを調べた結果、銀河は非常に速い速度で運動していることがわかりました。また、それぞれの銀河の明るさからその銀河内の星や星間ガスの質量を計算し、銀河団全体の質量も求められます。そうすると、銀河団全体の質量による重力では、各銀河の激しい運動を引き止められず、銀河はそれぞれ勝手な方向へ飛び散ってしまうことがわかりました。

もし重力が銀河を十分に束縛できなければ、銀河団ははるか昔にばらばらになってしまうはずです。それにもかかわらず、現在も銀河団という集団が存在しているのは、**銀河団の中には見えている質量の一〇倍から一〇〇倍ものダークマター（一七四ページ参照）が存在していて、その強い重力で銀河を引き止めている**と考えられるのです。

◆宇宙の地図作りが始まっている

一九八〇年代から、ＣＣＤカメラが望遠鏡に取り付けられるようになりました。ＣＣＤは半導体の一種で、望遠鏡が捉えた光を電気信号に変えて画像を記録します。それまで天体撮影に用いられてきた写真フィルムに比べて、ＣＣＤははるかに高感度なので、短時間で遠方の銀河からの光を捉えることができます。また画像を後でコンピューター処理することも容易です。この技術を用いて、宇宙の中で銀河がどのように分布しているかを三次元的（立体的）に表す宇宙の地図作りが始まっています。

その結果、銀河の集団である銀河団は、宇宙の中で均等にちらばっているわけではないことがわかってきました。宇宙のある部分では銀河団がさらに数十個集まって、一万個以上の銀河を含み、一億光年ほどの距離にわたって連なる**超銀河団**が構成されているのです。私たちの天の川銀河を含む局部銀河群は、おとめ座銀河団を中心とする局部超銀河団の端のほうに位置しています。

一方、数億光年の距離にわたって銀河がほとんど存在しない**ボイド**と呼ばれる空間があることもわかりました。ボイドを取り囲むように超銀河団が分布している様子から、これを宇宙の蜂の巣構造（または泡構造）と呼んでいます。

また、私たちの銀河から約三億光年の距離のところに、多数の銀河が面状に連なって分布している**グレートウォール**（宇宙の万里の長城）という構造も発見されました。グレートウォールは約四億光年ごとに一つずつ、計二〇個以上も存在しているとも言われています。

現在、日米共同で進められている**スローン・デジタル・スカイ・サーベイ（SDSS）計画**は、アメリカ・ニューメキシコ州に設置したハイテク望遠鏡で全天の四分の一の領域内にある銀河の地図を作ろうというプロジェクトです。口径二・五メートルの専用望遠鏡が一九九八年から観測を開始しました。二〇〇五年頃までに一〇〇万個もの銀河を観測してその距離を測定し、三次元的な銀河の分布図を作成することになっています。

宇宙の中での銀河の分布を探ること

蜂の巣状に分布している銀河

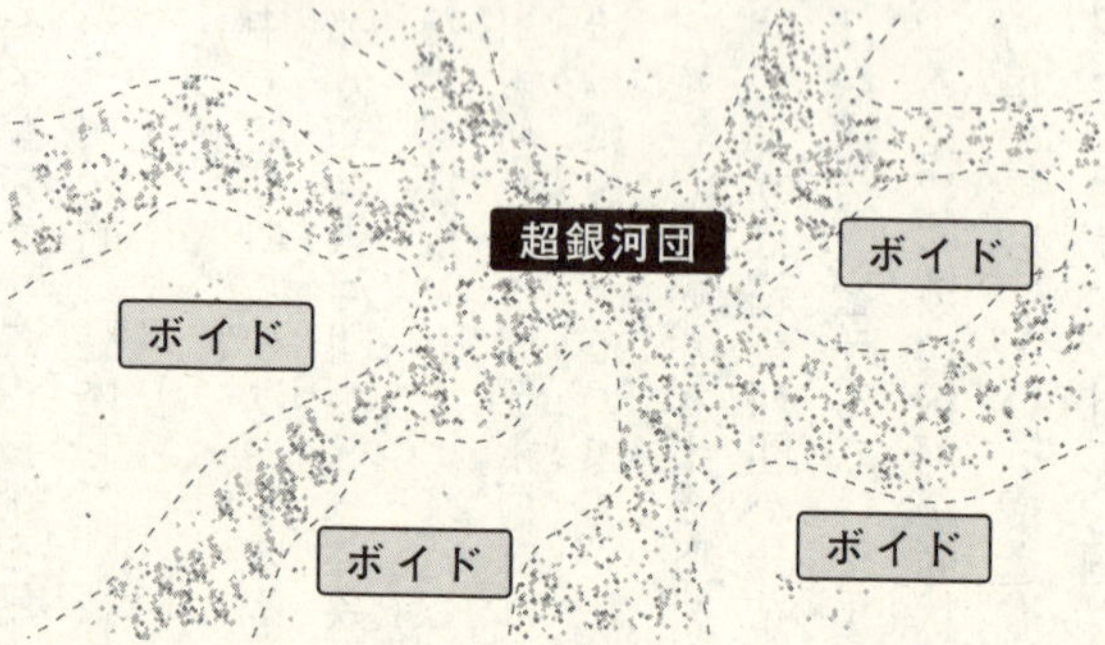

は、宇宙の構造や進化の様子を論ずる宇宙論とも密接に関わります。初期の小さな宇宙の中には、最初から銀河や銀河団の「種」が仕込まれていて、それがインフレーションという急膨張によって引き伸ばされて成長し、現在観測される超銀河団やグレートウォールなどの大規模な構造を生み出したと理論的に考えられています。宇宙の観測が進めば、こうした理論に実際の宇宙がどこまで合致しているのかが明らかになるものと期待されています（宇宙論については5章で詳しく触れます）。

◆宇宙のはての活動的な天体・クェーサー

五七ページなどで、遠ざかる天体から出た光の波長が引き伸ばされて観測される赤方偏移の説明をしました。波長が〈一＋z〉倍になっているとき、赤方偏移の値をzと表します。z＝一とは、**波長がもとの長さの二倍に引き伸ばされていること**です。星を構成する元素が出す固有の波長（輝線や吸収線・一五九ページ参照）がどの程度引き伸ばされているかを調べることで、その星の光がもとの何倍の波長になっているかがわかるのです。

zの値が大きいほど、銀河は速く遠ざかっていることになり、その銀河は遠くにあることがわかります（詳しくは二〇四ページ参照）。宇宙の年齢をどう考えるかなどによって、zを距離に換算した値は異なってきますが、z＝一の銀河は約七〇億光年ほど、z＝二の銀河は約一〇〇億光年ほどの距離に相当します。3章で星や銀河までの距離の測定方法を説明しましたが、一〇億光年以上の彼方にある遠方の天体は、この赤方偏移zの値から距離を推定します。

さて一九六〇年代に、おとめ座の電波を出す小さな天体を観測したところ、この電波の赤方偏移はz＝〇・一六で、これを距離に直すと約一五億光年に相当することがわかりました。銀河や銀河団が電波を出すことは知られていましたが、たった一個の恒星（のように見える小さな天体）が一五億光年もの距離を渡ってこれるほどの強力な電波を出すことは、常識的に考えられません。この謎の天体は準恒星状天体という英語を縮めて**クェーサー**と呼ばれました。

その後もzの値が大きいこの天体がいくつも見つかりました。もっとも遠方のクェーサーはz＝五、およそ一三〇億光年もの彼方にあります。それだけ遠くにあっても電波が届くということは、電波の発生源の天体は銀河一〇〇個分にも相当する莫大なエネルギーを出していることになるのです。

クェーサーが発する電波を観測すると、クェーサーの周囲に一酸化炭素のガスが存在することが明らかになりました。炭素と酸素から成る一酸化炭素ができるには、星が核融合反応をおこなう過程で生成された酸素や炭素が、超新星爆発によって宇宙空間に放出されている必要があります。つまりクェーサーの周囲ではすでに活発な恒星の形成がおこなわれていることを意味します。このことから、**クェーサーは宇宙の初期に形成されつつある若い銀河の中心核だろうと考えられています。**銀河の中心核には巨大なブラックホールがあって、それが周囲の物質を吸い込みながら膨大なエネルギーを出しているのです。

◆もっとも遠い銀河が次々に見つかる

ニュースなどで時々「これまででもっとも遠い銀河が発見された」という報

道を耳にすることがあります。これは赤方偏移zの値がもっとも大きい銀河が見つかったことを意味します。かつてzが一以上の天体は、クェーサーに限られていました。しかし近年、ハッブル宇宙望遠鏡などの活躍で、zの大きな銀河、つまり遠方の銀河が次々と発見されるようになっています。

一九九八年には初めてzが五を超える銀河が観測され、九九年四月にはz＝六・六八という銀河も見つかっています。この銀河の光は、宇宙の年齢が現在の二〇分の一のときに放たれたものです。宇宙の年齢を一四〇億歳とすると、宇宙が誕生して七億年しか経っていない頃に出た銀河の光を、私たちは今目にしていることになります。以前にも説明しましたが、遠くの宇宙を見ることは、宇宙の過去の姿を見ていることになるのです。

zの値を更新する「もっとも遠い銀河」は、今後も次々と発見されて、私たちは宇宙の初期の、まだ生まれて間もない頃の銀河の姿を目にしていくことになるでしょう。

5章

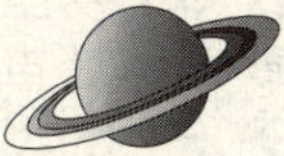

宇宙の過去の姿が見えてくる

◎イントロダクション

宇宙論とは、宇宙全体の動き（運動）や歴史（進化）を探る天文学の一分野を指します。5章ではこの宇宙論についてお話ししましょう。

古代から、人間は宇宙を「永遠不変」のものと考えてきました。相対性理論を打ち立てた天才アインシュタインでさえ、そう信じて疑いませんでした。しかし一九二九年、宇宙が膨張しているという衝撃的な事実が発見されました。そして一九四七年には、宇宙は超高温・超高密度の小さな火の玉から生まれてきたとする理論が発表されました。**宇宙はおよそ一四〇億年前に極微の一点から生まれ、今もなお膨張を続けているのです！**

一体、宇宙はどのように生まれたのでしょうか？　かつての宇宙はどんな状態だったのでしょうか？　私たちはこれらの難題に、科学的に迫らんとしています。宇宙の片隅に生まれた人間の小さな脳が、奥深い自然界の真理を一つ一つ見出し、それを道具として広大な宇宙の現在・過去・未来の姿まで描き出してきた道のりと今後の展望を、本章で味わってください。

膨張する宇宙の姿を想像してみよう

◆夜空はどうして暗いのか？

不夜城たる都会を離れ、地方の町や山で夜空を見上げると、漆黒の宇宙に数多の星々が輝く様子に、心がしんとなっていくのが感じられます。夜の暗さや月の明るさなど、かつての人々にとってはなじみ深かった感覚を、現代の私たちが共有することはまれになってしまいました。

ですが一九世紀、妙な疑問を持った男がいました。

「**なぜ、夜空は昼のように明るくないのだろう？**」

彼の名は**オルバース**、ドイツの天文学者です。

「夜が暗いのは、太陽が出ていないからに決まっているよ」

と、皆さんは思うかもしれません。しかし、問題はそう単純ではないのです。

オルバースは、夜空の星がみな太陽と同じ明るさを持つとした上で、無限に広い宇宙の中に、星がほぼ均等に分布しているとしたら、夜空でさえも明るくなってしまうはずだと考えました。

たとえば、地球から一〇光年の範囲内に、星が一〇個あるとします。同じ割合で星が存在すると仮定すると、地球から二〇光年の範囲には、星は八倍の八〇個あることになります。星の数は地球を中心とした球の体積に比例する、すなわち距離の三乗に比例して増えていくからです。一方、星の見かけの明るさは距離の二乗に反比例して減少します。もともとの明るさが同じなら、二〇光年離れた星は、一〇光年離れた星の四分の一の明るさに見えます。

夜空の明るさとは、星からの光がどれだけ地球に届くかということですが、それは星の数と見かけの明るさの積で計算できます。星の明るさは距離の二乗に反比例して減りますが、個数は距離の三乗に比例して増えますから、光の総量は距離に比例して増えることになります。遠くにある星を考えるほど、一個の光は弱くても数で補うことで、全体の明るさはどんどん増えていくのです。

宇宙が無限に広がっていると、星の数も無限にあることになりますが、手前にある星が背後の星の光を隠すために、光の全部が地球に届くわけではありません。それを考慮しても、宇宙全体からやってくる星の全光量は太陽の明るさよりもずっと明るくなってしまいます。つまり夜空は無数の星で埋めつくされ、昼間よりもずっと明るいはずという奇妙な結論が導かれるのです。

◆宇宙の膨張が夜空を暗くする

このおかしな話は「オルバースのパラドックス」と呼ばれるものです。皆

昼間より明るい夜空？

宇宙の大きさが
無限ならば、夜空は星で
埋めつくされて、昼より
明るくなるはず!?

さんはこれにどう答えるでしょうか？　たとえば「宇宙の中で星は平均的に分布しているのではなく、固まって存在しているはずだ」と思うかもしれません。たしかに星は銀河や銀河団という集団を作っていますが、星を銀河や銀河団に置き換えて同様に考えていくと、結局夜空は明るくなってしまいます。「空の雲が太陽の光を遮るように、宇宙には光を通さない星間物質がたくさんあるはずだ」と気づくかもしれません。しかし、物質は光を吸収するうちに温度が上がり、やがて自分で光を放つようになるという性質があります。したがって初めは光を吸収していた星間物質もやがて光りだすので、最終的に同じ明るさになります。

このパラドックスの解決方法の一つは、前提である「宇宙の大きさは無限、星の数も無限」を改めて、宇宙の大きさを有限と考えることです。そうすれば星の数も有限になり、夜空が無数の星で埋めつくされることはないのです。しかし、一九世紀には「宇宙は無限の大きさであり、過去から未来へ永久不変に存在している」と考える宇宙観が常識とされていました。したがって、オルバースのパラドックスに誰も答えることはできなかったのです。

これまでにも何度か説明しましたが、一九二九年、アメリカの天文学者ハッブルは宇宙の膨張という衝撃的な事実を発見しました。**宇宙が膨張している場合も、このパラドックスに答えることができます。**宇宙が膨張しているということは、かつての宇宙は小さく収縮していた、つまり宇宙には始まりがあったことを意味します。したがって宇宙が始まってから現在までの時間は有限であるため、遠くの星の光はまだ地球にたどり着かず、私たちは近くの星だけを見ていることになります。また宇宙膨張による赤方偏移によって、遠くの星の光（可視光）の波長は赤外線領域まで引き伸ばされるため、人間の目には見えなくなります。したがって夜空は暗くて当然だとわかるのです。

◆一般相対性理論が宇宙の姿を説明する

宇宙の膨張はハッブルの観測事実によって実証されましたが、それより前から理論的に「宇宙は膨張しているのではないか」と考える人がいました。その根拠となったのが、アインシュタインが唱えた相対性理論です。それまで哲学的にしか捉えられなかった宇宙の姿を物理的・科学的に考えられるようになったのは、相対性理論の登場以後のことなのです。

相対性理論には、**特殊相対性理論と一般相対性理論**の二種類があります。一九一五年に発表された一般相対性理論は、一〇年前に出された特殊相対性理論の拡張版で、重力について考察された理論になっています。**物質が存在すると、物質の重力は周囲の空間や時間をゆがませてしまうというのです。**

物質の存在が空間をゆがませるという状態は、トランポリンの上に小さなボールを置いたところをイメージしてください。ボールの重さによって、トランポリンの表面はたわんでしまいます。表面のたわみが、空間のゆがみに相当します。そばにもう一つボールを置けば、トランポリンはもっとたわみ、しかも二つのボールは動き出してくっついてしまいます。あたかも二つのボールが互いに引き合ったかのようです。これはニュートンが発見した、物質が互いに引き合う力、つまり万有引力（重力）とそっくりの現象です。

一般相対性理論が出るまで、入れ物である空間と、その中にある物質とは互いに関係のない、独立した存在だと考えられていました。しかし実際には、**物質の存在が空間のゆがみをもたらし、そのゆがみが物質の運動（重力によって引き合う運動）を起こすという密接な関わりを持つこと**、そして物質だけでなく空間や時間もまた物理学の対象となることが明らかになったのです。

※相対性理論について詳しく知りたい方は、本書の姉妹図書であるＰＨＰ文庫『「相対性理論」を楽しむ本』をご覧ください。

◆アインシュタインは宇宙の膨張・収縮を認めなかった

宇宙には無数の星や銀河が存在します。宇宙を空間、星や銀河を物質と考えれば、一般相対性理論に基づいて宇宙とその中にある星や銀河などの物質の関係を調べることができます。**中身である星や銀河の状態から、入れ物である宇宙の「形」を決めることができる、**と言っても良いでしょう。

アインシュタインは一般相対性理論の発表後、ただちに自らの理論をもとに宇宙の姿を考えてみました。すると彼の予想に反して、宇宙はある一定の大きさにとどまっていられないという結論になってしまったのです。宇宙の大きさは時間の経過によらず不変であるというのが当時の常識でしたし、アインシュタインもそうした宇宙(静的宇宙と言います)を信じていました。しかし計算結果は、宇宙の中にある星や銀河などの物質の重力によって、宇宙を静止した状態にとどめておけず、宇宙が最終的には収縮して終わりを迎えることを示したのです。

アインシュタインは思い悩んだ末、本来の方程式に手を加え、宇宙空間が斥《せき》力《りょく》(押し返す力)を持つように作り変えてしまいました。物質同士は重力で引き合いますが、空間がそれを斥力で押しとどめるために、宇宙全体の大きさは一定不変になるとしたのです。式の中のこの部分はこんにち「宇宙項《うちゅうこう》」と呼ばれています。

つまりアインシュタインは静的宇宙を信じるがゆえに、宇宙の状態を示す方程式を勝手に作り変えてしまったのです。光の速度に近づくと時間の進み方が遅くなるとか、重い物質の周囲で空間がゆがむなどという、常識外れの真実を相対性理論により見出した天才も、宇宙が永遠不変ではなく、膨張や収縮をおこない、初めと終わりがあるという「非常識」なことはあり得ないと考えたのです。

◆やはり宇宙は膨張していた！

ところが一九二二年、ロシアの物理学者フリードマンは一般相対性理論をもとに宇宙の姿を考え、「宇宙項を無理に加える必要はない。宇宙は膨張したり収縮したりするのだ」という説を

アインシュタインが考えた宇宙項
$$R\mu\nu - \frac{1}{2}g\mu\nu R + \Lambda g\mu\nu = \frac{8\pi G}{C^4}T\mu\nu$$
時空のゆがみ具合
宇宙項（押し返す力）
物質が持つエネルギー
宇宙が物質の重力で潰れてしまわないように、空間に押し返す力を持たせよう。
アインシュタイン

発表しました。またベルギーの神父であり物理学者の**ルメートル**も一九二四年、一般相対性理論に基づいて、「宇宙は高密度の小さな『宇宙の卵』から膨張してきた」と主張しました。

アインシュタインは彼らの唱える**膨張宇宙**を頑として認めませんでした。しかし一九二九年、アメリカの天文学者ハッブルが一八個の遠方の銀河を観測し、銀河の後退速度が銀河までの距離に比例することを発見して、これが宇宙膨張の確かな証拠となったのです。

ゴムひもに0、1、2、3と一センチメートルおきに印をつけ、これをぐいっと引き伸ばしてみます。0と1の間が一センチメートル増えて二センチメートルになったとき、0と2の間は二センチメートル増えて四センチメートルに、0と3の間は三センチメートル増えて六センチメートルになります。つまり0から離れた点ほど、距離が大きく増える（大きく遠ざかる）のです。

これと同様に、銀河の後退速度が銀河までの距離に比例する、すなわち遠く**の銀河ほど大きく遠ざかって見える観測結果は、銀河が存在する宇宙自体の膨**

張を意味するのだと考えられたのです。

アインシュタインはハッブルの勤める天文台を訪れて、観測結果の説明を受けて、ついに宇宙が膨張しているという事実を認め、「宇宙項を取り入れたことは、私の生涯最大の不覚だった」と言ったそうです。

しかし、アインシュタイン自身が過ちを認めた宇宙項が、現在の宇宙論では復活しつつあります。その詳しい話は後ほど紹介しましょう。

◆宇宙の全体像をイメージする

フリードマンが唱えた膨張する宇宙の姿は、彼の名を取ってフリードマン宇宙と呼ばれます。これがどのようなものであるか、見てみましょう。

フリードマンは一般相対性理論に基づいて、宇宙はその曲率《きょくりつ》の値によって、閉じた宇宙、平坦な宇宙、開いた宇宙という三種類のいずれかになることを明らかにしました。曲率は空間の曲がりぐあいを表すもので、その値は宇宙の中に物質がどれだけ存在するかによって決まります。宇宙に存在する物質の質量がある数値（臨界量と言います）より多いと、曲率は正（プラス）の値になります。臨界量より少ない場合は、曲率は負（マイナス）の値に、臨界量と同じであれば、曲率はゼロになります。

曲率が正の場合、宇宙はあるところまでは膨張しますが、やがて物質の重力によって膨張が止まり、逆に収縮を始めます。こうした宇宙を閉じた宇宙と呼びます。一方、曲率がゼロまたは負の場合、物質の重力は膨張を止めることができず、宇宙は永遠に膨張を続けます。曲率がゼロである場合は平坦な宇宙、曲率が負では開いた宇宙になります。閉じた宇宙はその大きさ（体積）が有限となり、平坦な宇宙や開いた宇宙では体積が無限になります。

閉じた宇宙や開いた宇宙だとか、体積が有限・無限などと言われても、実際の宇宙の姿をイメージするのはとても難しいと思います。ここでは、宇宙はその中の物質の量によって全体の性質が変わり、永遠に膨張を続けるのか、どこかで収縮に転じるのかという未来も左右されることを理解してください。

この宇宙が閉じた宇宙なのか、開いた宇宙なのかは、現在まだわかっていません。銀河など目に見える物質だけでは、とても膨張を止められるだけの質量は宇宙に存在していません。しかし目には見えなくても質量は持っているダークマター（一七四ページ）が少なくともその一〇倍以上あることが予想され、その量次第で閉じた宇宙となる可能性もあるのです。

◆有限で果てのない宇宙とはどんなもの？

宇宙に関する質問で「宇宙の果てはどうなっているのですか？」というものをよく耳にします。

フリードマン宇宙によると、宇宙には果てがないことになります。宇宙の大きさが有限・無限のいずれかであるかはわかりません。しかしどちらにしても、宇宙の果ては存在しません。宇宙の大きさが無限なら、果てがないのもわかりますが、大きさが有限で果てがないとはどういうことでしょう。

有限ではあるが果てのない宇宙、つまり閉じた宇宙とは、地球の表面のようなものです。地球の表面をどんどん進んでいくと、ついにはぐるりと地球を一周してしまい、決して地球の「果て」にたどり着くことはありません。しかし地球の表面積はある決まった大きさ、つまり有限の大きさです。大きさは有限ですが、地球の果てはないのです。

私たちは縦・横・高さの三方向を持つ三次元の空間に住んでいますので、球の表面のように、縦と横はあるが高さのない二次元の世界が「閉じる」ことで果てがなくなるのを理解できます。これを一歩進め、縦・横・高さのほかに、もう一つの「第四の方向」を加えた四次元の空間から見れば、三次元の

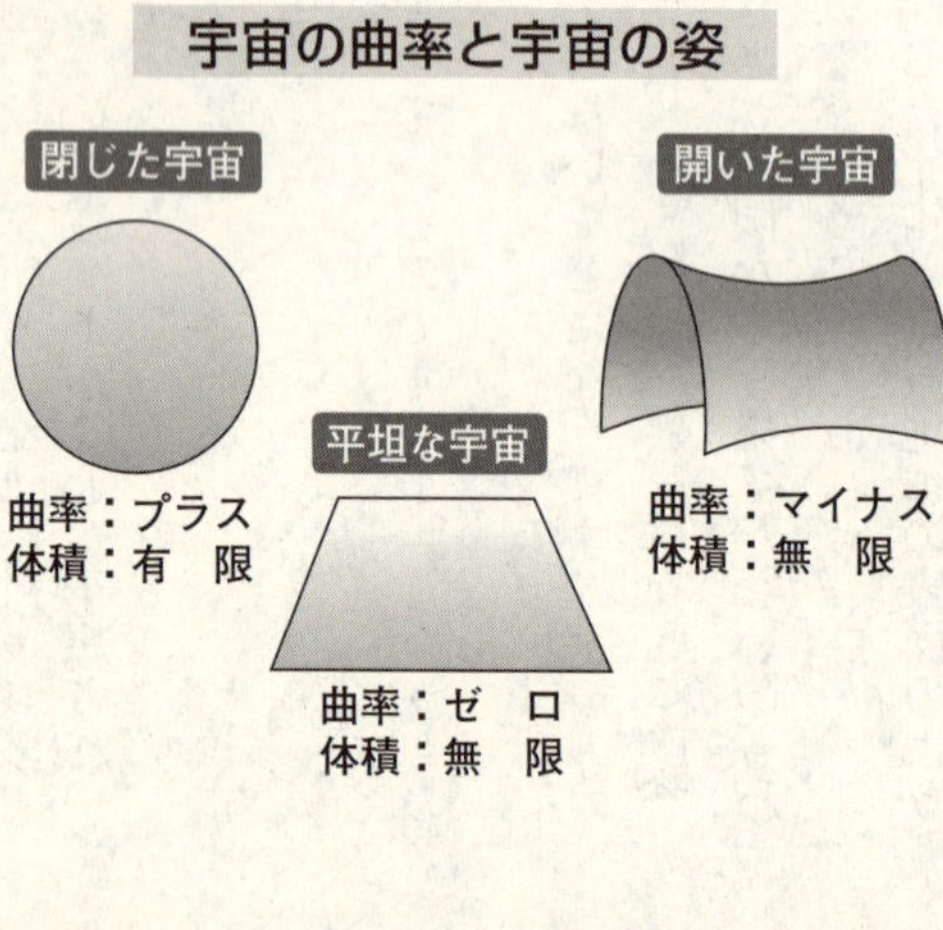

宇宙が「閉じる」ことのイメージを、何となくわかっていただけるかもしれません。もちろん、四つの方向を持つ空間なんてどんなものだと言われても、言葉や図できちんと説明できませんが、頭の体操という程度に考えてください。

なお、平坦な宇宙や開いた宇宙を同じようにイメージしてみると、右下の図のようになります。平坦な宇宙は「平らな平面」に、開いた宇宙は「馬の鞍《くら》」のような面だと言えます。すべて三次元の宇宙を、二次元の平面として表してみたものです。

ビッグバン宇宙の歴史を探る

◆現代宇宙論の標準理論とは

宇宙がどのように生まれ、成長してきたかを表すシナリオとして、フリードマン宇宙をもとにしたビッグバン理論とインフレーション理論を組み合わせたものが、現代の宇宙論の標準理論と考えられています。

標準理論とは、多くの科学者が、まず間違いないだろうと考えている理論のことです。もちろん、宇宙は本当に一四〇億年前にビッグバンという高温高密度の火の玉から生まれたのか、その証拠を見せろと言われても、誰も一四〇億年前にさかのぼって当時の様子を写真撮影することはできません。したがって本当に正しいかどうかは誰にも断定できませんが、きちんと筋の通った理論大系になっていること、そして観測事実を理論に基づいて大きな矛盾なく説明できることから、大多数の科学者の支持を得ているのです。

ただしビッグバン理論とインフレーション理論さえあれば、宇宙の謎はすべて解けるわけではありません。標準理論では説明しきれない現象も少なからず存在しますが、それをもってビッグバンやインフレーションはなかったと考えるのは性急すぎます。標準理論をすべて否定した上で、標準理論によって理解できるとされたこれまでの宇宙の謎と、標準理論の手には多少余る現象をともに説明できるまったく新たな理論が登場することは、絶対にないとは言えませんが、非常に考えにくいことです。

ですから今後新たな観測事実が見つかり、その結果宇宙の成り立ちを描いたシナリオが書き換えられていくとしても、基本的には標準理論の枠組みの中でおこなわれるものと思われます。

◆宇宙の誕生と急膨張

標準理論に無からの宇宙創成《そうせい》論を加えることで、宇宙の誕生と成長を一通り説明できます。それが一体どんなシナリオなのか、紹介していきましょう。

宇宙は、約一四〇億年前、無の中から生まれました。無と言っても、まったく何もない完全な無ではなく、無と有との間を揺らいでいる状態です。このとき、まだ時間も空間も生まれていません。宇宙が生まれるということは、時間や空間そのものが生まれることを意味するのです。

そして、虚数《きょすう》の時間という不思議な時間において宇宙は生まれ、実数の時間にポッと表れてきました。虚数とは二乗するとマイナスになる数のことで、私たちの身の回りにある実数（二乗すると必ずプラスになる数）と対置される数です。いわば虚数は想像上の数であると言えるのですが、この虚数の時間（この世の時間とは異なる時間）において宇宙は生まれ、そして突然実数の時間つまりこの世の時間の中にある大きさを持って出現しました。これが、私たちの知る時間と空間が生まれた瞬間だと言えます。

当初非常に小さかった宇宙は、生まれるとすぐに急激な膨張を始めました。この膨張をインフレーションと呼びます。物価水準が急上昇するおなじみの経済用語から名づけられたものです。この急膨張は、真空が持つエネルギーによってもたらされたと考えられます。真空も完全な無ではなく、エネルギーが存在できるのです。

そして後に星や銀河を生み出す種となる「密度の揺らぎ」が、インフレーションによって一気に引き伸ばされ、こんにちの宇宙にグレートウォール（一八七ページ参照）のような何億光年もの巨大な構造ができる素地を作ったのです。

◆火の玉宇宙が膨張して冷えていく

インフレーションによって急膨張した宇宙は、真空のエネルギーが熱のエネルギーに変わることで**超高温の火の玉**（＝**ビッグバン**）になります。そして急膨張は止まり、その後はゆるやかに膨張していきます。火の玉の中ですべての物質は究極の素粒子であるクォークに分解されていましたが、やがて宇宙が膨張して冷えていく中で、クォークが固まって陽子や中性子ができ、さらに陽子と中性子が結合して水素やヘリウムなどの軽い元素の原子核が生まれます。ここまでが、宇宙誕生後三分ほどでおこなわれたとされています。

そして、宇宙は膨張しながら温度を下げていき、三〇万年後には約四〇〇〇度になります。温度の低下により、それまで活発に動き回っていた電子が原子核に引きつけられ、原子を構成します。すると今まで動き回る電子に邪魔されて直進することができなかった光（光子）が、宇宙空間を通り抜けられるようになります。これを「宇宙の晴れ上がり」と呼んでいます。

その後、宇宙の膨張とともに成長した密度の揺らぎ（物質密度の濃淡）は、自分の重力により固まりを形成し、数億年の時間をかけてついに最初の銀河が誕生するのです。

何とも壮大な叙事詩ですが、同時にどうしてこんな摩訶不思議？なストーリーを考えることができるのだろうと、いぶかしむ人も多いのではないでしょうか。しかし、これは決して根拠のないおとぎ話ではなく、物理学の理論にのっとって描かれたシナリオなのです。これからこうした宇宙論が築かれていった

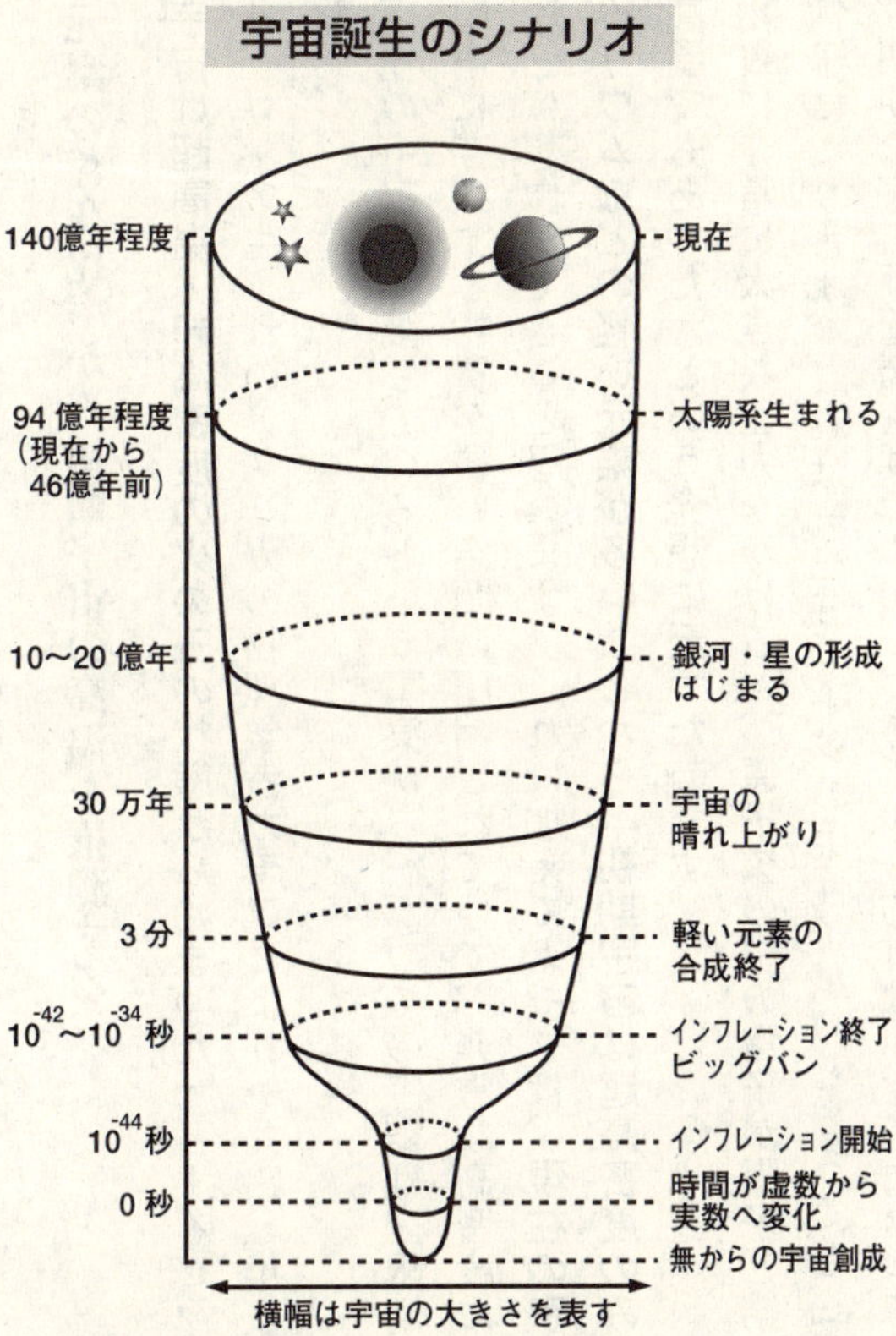

（各段階の「時間」にはいくつかのモデルがあり、
上記の数字は、そのモデルの中のひとつです。）

様子を、宇宙物理学の歴史に沿って説明していきます。

◆元素の存在比率から初期宇宙の高温を推測する

「宇宙は超高温・超高密度の火の玉の状態から始まった」とするビッグバン理論は、ロシア生まれのアメリカの物理学者ガモフにより一九四七年に提唱されました。

現在の宇宙が膨張しているという事実から、かつての宇宙は、銀河など現在の宇宙に存在する物質が狭い空間に圧縮されていて、非常な高密度になっていたことは想像ができると思います。これに加えてガモフは、現在の宇宙に水素やヘリウムなどの軽い元素が多いことから「初期宇宙は超高密度のみならず、超高温でもあった」という発想に至ったのです。

物質に非常に大きな圧力をかけると、原子核の中の電子が陽子と結びついて中性子になります。これは一三五ページの中性子星のところでも説明しました。初期の宇宙は超高密度ですから、あらゆる物質は中性子になっていたと考えられます。この中性子が、宇宙の膨張によりベータ崩壊という現象を起こして陽子や電子が生まれ、陽子と中性子が結びついてさまざまな元素の原子核が生まれたことが予想されました。

ですが、この様子を理論的に計算すると、**周囲の温度が低い場合、陽子と中性子はどんどん結合して、宇宙には重い元素**（原子核が多数の陽子や中性子でできている元素）**ばかりができてしまう**ことがわかりました。当時の観測で、宇宙の中の元素の割合は、水素（原子核は陽子一個でできている）とヘリウム（原子核は陽子二個と中性子二個でできている）の両者で九九パーセントを占めることがわかっていましたので、先ほどの計算結果と矛盾します。これを避けるためには、初期の宇宙が高温であり、陽子や中性子が激しく運動して簡単に結合できなかったと考えれば良いのです。やがて宇宙が膨張して冷えていくと、陽子や中性子は結合できるようになりますが、その時には物質の密度が低くなっているために、結合相手の陽子や中性子が近くに存在せず、大きな原子核（すなわち重い元素）に成長できるものは少ないのです。

なお、ガモフは中性子だけが存在する初期宇宙が冷えていく過程で、すべての元素が作られていったと唱えましたが、日本の物理学者林忠四郎らは、初期の宇宙には中性子だけではなく陽子も存在し、そのために宇宙膨張による温度低下が大きくて、リチウムの原子核までしか作られなかったことを明らかにしました。3章で触れたように、リチウムより重い元素は恒星が核融合反応をおこなう際や、星が超新星爆発を起こした際に作られたとされています。

◆ビッグバン理論を裏づけた宇宙背景放射の発見

ガモフの唱えたビッグバン理論は、科学者たちにすぐ受け入れられたわけではありませんでした。当時はむしろ、イギリスの天文学者ホイルらが主張する**定常宇宙論**《ていじょううちゅうろん》のほうが優勢と思われていました。

定常宇宙論では、宇宙が膨張しているという事実は認めつつ、それでも宇宙は永遠不変であると考えました。膨張により宇宙の中の物質の密度は低くなりますが、そのぶん真空から物質が生まれてきて、宇宙全体の密度を保つというのがその内容です。宇宙に始まりや終わりがあるなどという理論は、やはり納得できないと考える人が多かったのです。

二つの宇宙論の争いは、一九六五年、**宇宙背景放射**と呼ばれる「火の玉」の名残《なごり》の電波が観測されることで、ビッグバン宇宙論に凱歌《がいか》が上がりました。アメリカの民間企業の二人の技師、ペンジアスとウィルソンが、宇宙のあらゆる方向からやって来る不思議な電波を発見したのです。

ガモフは、宇宙がかつて超高温であれば、膨張して冷えていった現在の宇宙にもかつての余熱と言えるものが残っているだろうと考えました。そして宇宙の温度が四〇〇〇度に下がった際、宇宙空間を通り抜けられるようになった光（二一四ページの「宇宙の晴れ上がり」のこと）が、その後の宇宙膨張により波長が引き伸ばされつつ温度が下がり、現在は五Ｋ《ケルビン》（〇Ｋは摂氏マイナス二七三度）前後の電波になっているだろうと予言していました。

電波に温度があるのかと不思議に思う方も多いでしょうが、物質が出す電磁波の波長は、物質の温度と密接に関わります。3章で星が放つ光の色と星の表面温度の関係を説明しましたが（一二八ページ参照）、高温の物質は紫外線や可視光などの短い波長の電磁波を、逆に低温の物質は赤外線や電波などの長い波長の電磁波を出すのです。五Kの電波とは、五Kの温度を持つ物体が放射する波長の電波という意味です。

ペンジアスとウィルソンが発見した電波の波長は約三Kに相当し、ガモフの予言どおりのものでした。また、定常宇宙論ではこの電波の存在を説明することができません。先ほど述べたように、定常宇宙論ではたえず真空から物質が生まれてくるため、宇宙のあち

火の玉の名残りの電波

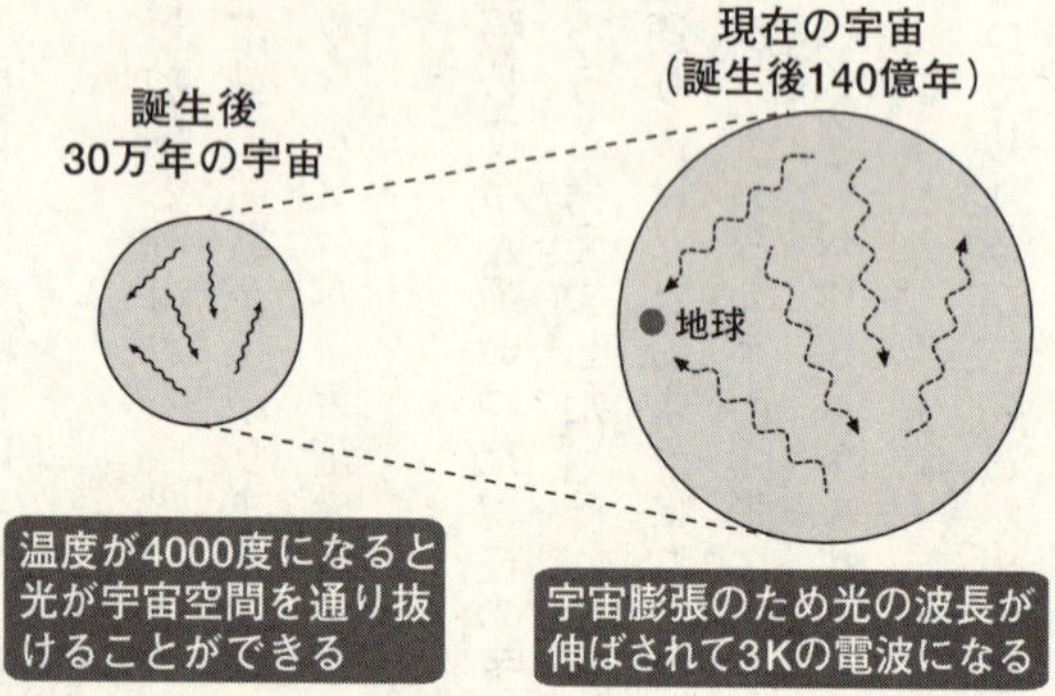
現在の宇宙
（誕生後140億年）
誕生後
30万年の宇宙
地球
温度が4000度になると
光が宇宙空間を通り抜
けることができる
宇宙膨張のため光の波長が
伸ばされて3Kの電波になる

こちで温度のムラが生じるはずでした。したがって、宇宙のどの方向からも同じ波長（温度）の電波がやって来ることはありえないのです。

◆宇宙初期の急膨張を唱えたインフレーション理論

「初期の宇宙は指数関数《しすうかんすう》的膨張（二倍、四倍、八倍……という膨張）を遂げた」というインフレーション理論は、一九八一年、日本の宇宙物理学者佐藤勝彦（本書監修者）とアメリカの素粒子物理学者グースが、それぞれ独自に発表したものです。

　インフレーション理論は、ビッグバン理論では説明できなかった宇宙の初期のいくつかの現象を解決するために導入されました。もともとのビッグバン理論では、宇宙は誕生以来ほぼ一定の、しかもゆるやかな膨張を続けてきたと考えられていました。しかしインフレーション理論では、初期の宇宙はいったんわずかの間に急激な膨張をおこない、その後ゆるやかな膨張に変わってこんにちに至っていると説明しました。

その急激な膨張とは、一〇のマイナス三四乗秒の間に、大きさが一〇の四三乗倍になるというもので、例えると一ミリメートルの砂粒が、一瞬のうちに一〇兆キロメートルの一兆倍の、さらに一兆倍になったというすさまじい膨張です。この急膨張により、人間の目には見えない極微の大きさにすぎなかった宇宙は、一気に数センチメートルの大きさになり、その後は一四〇億年かけてゆるやかに成長してきたと考えられます。

◆宇宙が平坦に見えるわけを説明する

インフレーション理論が発表された当時、ビッグバン理論はいくつかの壁にぶつかって、その解決方法を見出せずにいました。その一つは、なぜ私たちのまわりの観測できる範囲の宇宙が、すべて一様に曲率がほぼゼロ、つまり平坦な空間になっているのかという疑問です。

二〇五ページで宇宙の曲率について話しましたが、もし曲率がゼロよりわずかに大きい、つまり宇宙内にある物質の量が多いと、宇宙は誕生後まもなく膨張から収縮に転じ、あっという間に潰れてしまいます。逆に曲率がゼロより小さいと、宇宙はとても速く膨張するため、重力が物質を集めることができず、銀河や星は生まれなかったと考えられています。現在の宇宙のように一四〇億年経ってもゆるやかに膨張を続け、しかも星や銀河が誕生するためには、宇宙の初期の膨張スピードを非常に厳密に設定する必要があり、それは確率的には起こり得ないことと考えられていました。

これに対しインフレーション理論は、**宇宙が平坦に思えるのは、私たちが急膨張した宇宙の狭い範囲しか見ることができないため**だと説明しました。それはちょうど、小さなボールの表面なら曲がっていることがわかっても、地球の表面が曲がっていることに普段気づかないことと同じです。巨大な宇宙全体の曲率は正負いずれかわかりませんが、インフレーションを起こした宇宙のほんの一角だけを取り出して曲がり具合を調べると、ほとんど平坦にしか思えないという解釈ができるのです。

◆宇宙背景放射やグレートウォールの謎も解ける

またインフレーション理論は、なぜ宇宙のあらゆる方向から同じ温度の電波（宇宙背景放射）がやって来たり、グレートウォール（一八七ページ）のように長さ何億光年にも及ぶ巨大な構造ができたのかという謎にも答えることができます。ビッグバン理論の元になる相対性理論は「あらゆる物質や情報伝達の速度は、光の速度を越えることはない」という原理に基づいています。そうすると、光の速度で届く距離以上に離れている宇宙の二地点が、同じ温度の電波を出したり、銀河が連続して広がっていることは絶対にあり得ないのです。

しかし、もともと同じ温度だった小さな領域が光の速度より速く膨張すれば、膨張後の広大な空間はやはり同じ温度になります。また銀河の種とされる密度の濃い部分が光速度以上で引き伸ばされれば、何十億光年もの大構造を作ることが可能です。なぜなら相対性理論は、光より速く動く物質はないとは言っていますが、空間自体が膨張する速さには上限を設けていないからです。

（ややこしい話ですが、物質などが空間の中を移動することと、空間が膨張するために物質間の距離が離れることとは、別であることを理解してください）

◆宇宙の初期には「宇宙項」があった！

先ほどの話は少し難しかったと思いますが、宇宙の初期に急激な膨張時期があったと考えることで、それまでにはわからなかった数々の謎に整然と答えることができたと理解してください。しかし、このようなインフレーションを起こす力は、いったい何なのでしょうか。

インフレーション理論は、真空が持っているエネルギーが巨大な斥力《せきりょく》（反発力）となって急膨張をもたらしたと考えました。なぜ何もない真空がエネルギーを持つのか、矛盾しているではないかと思うかもしれません。しかしミクロの世界の法則を表した量子論《りょうし》（量子力学）によると、この世には本当の意味での「無、ゼロ」はあり得ないことになります。そして真空とは無と有のあいだを揺らいでいる状態だと考えるのです。

そんなおかしな話があるだろうかと思われるかもしれません。しかし実際に、真空中に大きなエネルギーを与えると、真空中から突然電子と陽電子(一四六ページ参照)のペアが出現し、すぐにまた結合して無に帰ることが実験で確かめられています。つまり真空は完全に何もない状態ではないのです。

初期宇宙における真空は、現在の真空よりもエネルギーを多く持っていたと考えられ、これがインフレーションを引き起こしたとされています。そしてこの力は、じつはアインシュタインが主張した「宇宙項」と同じ性格を持っています。数値の大きさはかなり異なりますが、**アインシュタインが「空間は斥力を持つ」**と考えたことは、あながち間違いではなかったのです。

◆宇宙は無から生まれてきた?

ビッグバン理論はもう一つ、「特異点《とくいてん》」問題という難問を抱えていました。ビッグバン理論に基づいて宇宙の歴史を過去にさかのぼっていくと、最初の宇宙は必ず温度・密度とも無限大になる特異点になってしまうというのです。特異点では、相対性理論を始め、あらゆる物理法則が成り立ちません。したがって人間には特異点となる宇宙の始まりを科学的に説明できないことになってしまいます。せっかく宇宙の歴史を科学的に追いつめてきたのに、最後の最後は闇の中というのは、何とも中途半端です。

この難題に対するアイデアとして出されたのが、ウクライナの物理学者ビレンケンや、イギリスの物理学者ホーキングが唱えた「無からの宇宙創成論」です。まず一九八三年、ビレンケンは量子論が示す「無は完全な無ではなく、有と無のあいだを揺らいでいる」という考えをもとに、宇宙は無の揺らぎの中から「トンネル効果」によってポッと生まれてきたとする理論を発表しました。

続いてホーキングは、宇宙が「虚数の時間」において生まれたと考えれば、宇宙の始まりは特異点にならないと唱えました。

◆トンネル効果と虚数の時間

トンネル効果は量子論の中から見つかった現象で、ビッグバン理論の生みの親・ガモフが発見しました。ミクロの世界では、エネルギーが揺らいでいるために本来のエネルギーでは不可能なこと、たとえば壁に向かって投げたボールが壁を通り抜けて現れるようなことが起こりうるというのです。壁の向こう側の人から見れば、何もないところに突然ボールが出現する、つまり無から有が作られたような状態です。何とも奇妙な現象ですが、実際にトンネル効果を利用した半導体などが製造されています。

また虚数の時間も、量子論の中で用いられる概念です。宇宙が虚数の時間で生まれたと考えると、特異点問題を回避できることを、ホーキングは左のページの図のようなモデルで表しました。従来の考えでは、宇宙の始まりは特異点である一点に集まりますが、虚数の時間を適用すると、宇宙の始まりは球の一番下の点として描くことができます。ここは確かに始まりの点ですが、球面上の他の点と幾何学的な意味では何ら変わりありません。このように、始まりではあるが特別な点ではないとして、特異点問題から上手に逃げることができるのです。

◆量子論を宇宙の誕生に適用する

インフレーション理論も無からの宇宙創成論も、その理論的な根拠を量子論に置いており、こうした宇宙論は**量子宇宙論**と呼ばれます。

量子論は、相対性理論とほぼ同時期の一九一〇～二〇年代に成立した理論です。物質をどんどん小さくしていき、原子や電子といったミクロの世界に入っていくと、私たちの住むマクロの世界の物理法則が通用しなくなる（マクロの世界では無視できた小さな影響を無視できなくなる）ことを明ら

特異点を回避する宇宙モデル

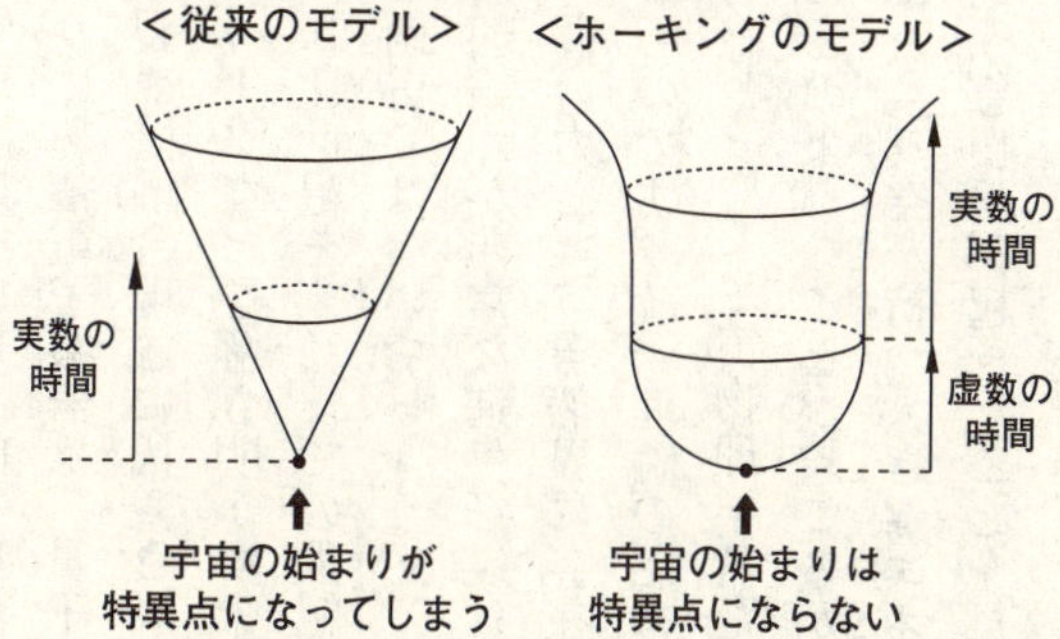
<従来のモデル>
実数の時間
宇宙の始まりが特異点になってしまう
<ホーキングのモデル>
実数の時間
虚数の時間
宇宙の始まりは特異点にならない

かにした量子論（量子力学）は、ある意味で相対性理論以上に革命的な理論です。コンピューターを始めとする私たちの身の回りにある電子機器は、量子論なしには決して誕生しなかったものですし、核分裂や核融合現象に代表される原子物理学や、物質の究極の基本構造とされるクォークなどを解き明かす素粒子物理学なども量子論の上に成り立っています。二〇世紀をそれまでの世紀と異なる時代にしたのは、量子論だったと言っても過言ではないでしょう。

一九七〇年代に、素粒子論に基づく「力の統一理論」が非常な進歩を遂げました。力の統一理論は、重力、電磁力、強い力、弱い力という自然界に存在する四種類の力を、統一的な方程式で表そうとするものです。統一理論の話はかなり難しいので説明しませんが、この統一理論に基づいて宇宙物理学者たちは、超高温・超高密度の初期宇宙の中で素粒子にどのようなことが起こるかという理論を展開しました。そしてそこから生まれた「真空が持つ大きなエネルギー」に注目することで、インフレーションという急膨張が起きたことを見出したのです。

また、無からの宇宙創成論は、量子重力理論をベースにしています。これは量子論と相対性理論を組み合わせた理論です。初期の宇宙が非常に小さかったとすれば、そこに量子論が適用できるのは当然と思えるかもしれません。しかし量子論と相対性理論は相性が悪く、二つを同時に矛盾なく成り立たせることは非常に難しいのです。二〇世紀物理学の二つの柱である相対性理論と量子論が並び立たないというのも奇妙に思えますが、ホーキングらのアイデアはその難問に果敢に挑戦した意欲的な理論となっています。

宇宙論のこれから

◆宇宙論は観測の時代に入っている

一九八〇年代はインフレーション理論や無からの宇宙創成論のように、ビッグバン理論を改良し、補強する新たな理論が発展しました。一方、一九九〇年代は、そうした先端理論を実際の観測で検証しようとする時代になっています。理論発表当時は、理論を確かめるための手段がほとんどありませんでしたが、巨大望遠鏡や宇宙望遠鏡などの最新のハイテク技術により、ようやく観測が理論に追いついてきたのです。

1章でも紹介したCOBEの観測した宇宙背景放射のムラ（五四ページ参照）は、ビッグバン理論やインフレーション理論の正しさを裏づける大発見だったと言えます。宇宙背景放射はまったく同じ温度の電波ではなく、わずかに温度のムラがあり、宇宙の膨張によってその温度ムラを「種」として、銀河団や超銀河団などが生まれていったことが確認できたのです。またその温度ムラの様子は、インフレーション理論によるミクロの揺らぎを考慮することで、正確に説明することができました。

もちろん観測結果が、理論を肯定するものばかりになるわけではありません。理論とはたいてい大筋のものなので、細かな観測をすれば理論と矛盾する点は数多く出てきます。またインフレーション理論や無からの宇宙創成論は、その基礎となる統一理論や量子重力理論がまだ未完成であるため、何の問題もない完璧な理論というわけではないのです。

そもそも、理論と矛盾する観測結果が見つかるのは、決して悪いことではありません。その新たな謎を解くための、革新的な理論を再び生み出す呼び水となるからです。一つの謎の解決が別の謎を生み、それをまた解決するという永遠のサイクルこそが、科学の進歩であり、真理へ到達する道なのです。それに理論と矛盾するといっても、それまでの理論が台無しになるのではなく、本質的な幹の部分を受け継いで、新たな枝葉が茂っていく場合が多いのです。

◆宇宙の年齢は現在不詳?

ハイテク望遠鏡を用いた宇宙観測によって、長年の論争に決着のつくことが期待されるものの一つに、「宇宙はいったい何歳なのか?」という謎があります。本書の中で何度も「宇宙が誕生して約一四〇億年」と言ってきましたが、じつはこの年齢は完全な認知を受けていないのです。

宇宙の年齢は、宇宙の膨張率から計算することができます。現在の宇宙の膨張の割合がわかれば、過去にさかのぼって宇宙が一点に集まるのは何億年前になるのかが求められるはずです。

宇宙の膨張率は、宇宙膨張を発見したハッブルにちなんで**ハッブル定数**と呼ばれ、「銀河の後退速度÷銀河までの距離」で求められます。このハッブル定数が一体いくつなのかを決定することは、天文学における長年の課題でした。銀河の後退速度は赤方偏移を調べることで正確にわかるのですが、銀河までの距離をきちんと測ることがきわめて難しいからです。3章で星や銀河までの距離の測りかたをいくつか説明しましたが、どの方法も観測の精度がわずかでも狂うと、距離の測定値が大きくずれる危険性をはらんでいるのです。

ハッブル宇宙望遠鏡は、その最優先課題をハッブル定数の正確な測定においています。アメリカ・カーネギー天文台のウェンディ・フリードマン博士をリーダーとしたハッブル定数の調査チームは一九九九年五月、ハッブル定数を一メガパーセク（＝一〇〇万パーセク＝三二六万光年）あたり秒速七〇キロメートルと発表しました。彼女たちは地球から一億光年の範囲にある一八個の銀河についてセファイド型変光星（一五一ページ参照）を約八〇〇個探しだし、これを用いて銀河までの距離と後退速度を精密に測定して、ハッブル定数を求めたのです。そしてこの定数を使って計算をおこない、宇宙の年齢を一二〇億歳と割り出しました。

彼女たちはこのハッブル定数の値は誤差一〇パーセント以内の精度で正確であるとしています。しかし従来のデータの質とは段違いであることは確かですが、本当に誤差一〇パーセント以内であるかどうかはまだ疑問の余地があるかもしれません。

◆宇宙は第二のインフレーションの時代に入っている？

しかしハッブル定数がたとえ七〇の値で確定しても、すぐには宇宙年齢の決定につながりません。もし現在の宇宙に斥力（反発力）である「真空のエネルギー」が残っていると考えると、宇宙はもっと年をとっていて一四〇億歳程度であると考えられるのです。

二二五ページで、初期宇宙には真空のエネルギーが存在し、それがインフレーションを引き起こしたことを話しました。真空のエネルギーはインフレーション末期に熱エネルギーに変化して宇宙は火の玉となり、真空のエネルギー自体はゼロになったと考えられていました。しかしそうではなく、現在の宇宙にも斥力である宇宙定数（宇宙項の値）が残っている可能性があるのです。

真空のエネルギーには、宇宙が膨張しても密度が変化しないという特徴があります。一方、宇宙の膨張を抑える役割をおこなう重力は、宇宙膨張により物質間の距離が開き、だんだん力が弱くなっていきます。そして現在、物質の重力が真空のエネルギーを下回るようになり、宇宙は再び急膨張の時代、つまり**第二のインフレーションの時代**に入ったとも考えられるのです（ただし宇宙初期のインフレーションよりはずっとゆるやかな膨張です）。そして近年の観測データによると、宇宙の膨張が実際に加速していることが明らかになりつつあります。

こう考えると、先ほどのハッブル定

第2のインフレーションと宇宙の年齢

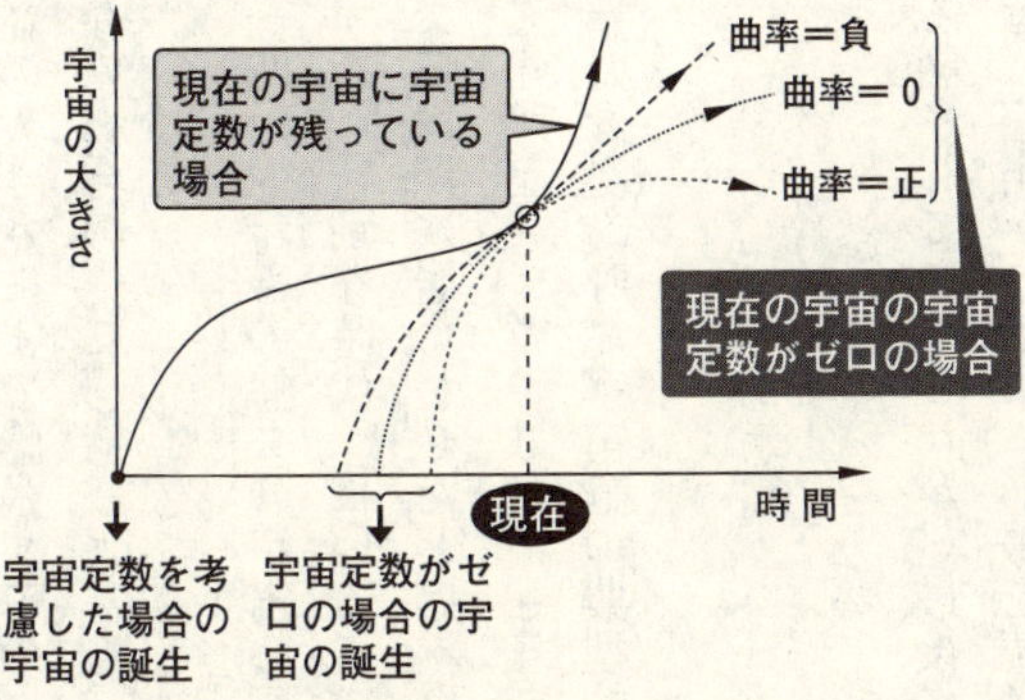

数は加速されつつある現在の膨張率であり、かつては宇宙はもっとゆるやかに膨張していたことになります。つまり宇宙が現在の大きさにまで膨張するのには時間がかかり、宇宙の年齢は宇宙項を考慮しない場合の一二〇億歳よりも、さらに年をとっていることになるのです。

しかし、問題はこれで解決ではありません。一四〇億年もの悠久の宇宙の歴史の中で、なぜ私たちは再び急膨張に入ろうとする「特別な時代」にいるのでしょうか？　私たちが偶然、宇宙の歴史の大きな転換期に居合わせたという確率は非常に低く、そこには何らかの必然性があると考えたくなります。宇宙年齢や宇宙項をめぐる問題は、一つの謎の解決が新たな謎を呼ぶ宇宙論の典型的な例だと言えるでしょう。

◆宇宙の究極の行く末はどうなるのか？

宇宙の歴史や年齢という、過去の宇宙に関する話をしてきましたが、最後に宇宙の将来像を紹介しましょう。宇宙の行く末は、宇宙がこのまま膨張を続けるのか、それとも膨張がやがて止まり、逆に収縮を始めるのかで大きく変わってきます。

宇宙が膨張し続けると、銀河と銀河の間はどんどん広がり、宇宙の密度は非常に希薄になります。やがてすべての星は燃えつき、物質の密度が低いために新たな星が誕生することもなく、宇宙は星の死後の姿である白色矮星やブラックホールだけがところどころに点在する暗黒の空間になるでしょう。

一方、宇宙がどこかで収縮に転じると、銀河同士は互いに近づき、宇宙全体の温度は上昇していきます。宇宙の歴史を逆にたどっていくわけです。やがて星は高温で蒸発し、すべての物質は素粒子に分解され、ついに宇宙は再び一点に集まります。これを**ビッグクランチ**（クランチは潰れるという意味）と呼びます。宇宙はビッグバンで始まり、ビッグクランチで終わるのです。ビッグクランチの先はどうなるのかは、現在の物理学では不明です。

宇宙が膨張し続けるのか収縮に転じるのか、つまりこの宇宙が開いているのか閉じているのかは、二〇五ページで説明したように宇宙の中にある物質の量次第です。いずれにしても、こうした未来像は何百億年もしくは何兆年も先の話、地球が赤色巨星となった太陽に飲み込まれるという五〇億年後よりさらに後のことであって、人類がその現場に立ち会うことは絶対にないでしょう。

二一世紀初頭には、ケック望遠鏡やすばる望遠鏡を含めて八〜一〇メートル口径の巨大望遠鏡が世界で一〇基近くも観測をおこなう環境が実現します。またハッブル宇宙望遠鏡の後継機や、ＣＯＢＥの観測をさらに詳しくやり直す衛星を打ち上げる計画も進んでいます。これらによって宇宙の歴史や太陽系の歴史、さらに宇宙の最後の姿を探る新しい観測結果、新しい発見が次々ともたらされることになるでしょう。

◆宇宙と人間と、そして…

最新の宇宙観測現場の話に始まり、太陽系から恒星、銀河、そして広大な宇宙の姿を眺め、宇宙の創造と終焉のドラマをたどってきました。少し駆け足ではありましたが、いかがだったでしょうか？

あらためて振り返ってみてください。広大な宇宙にある数千億個の銀河の一つが、私たちの天の川銀河です。そして天の川銀河にある二千億個の星の一つが、私たちの太陽です。そんな太陽のまわりを回る惑星の一つに住むちっぽけな人間の一四〇〇グラムほどの脳が、私たちを取り巻く天の川銀河、銀河団、そして宇宙の構造を描くことができるのです。

一九四八年のヘール望遠鏡の開設当時の記録に次のような文章があります。

「つまるところ、宇宙を包み込む人間は、人間を取り巻く宇宙よりももっとすばらしいのだ」

広大な宇宙の現在、そして過去と未来を理解できる人間の英知の偉大さを、素直に讃えたものです。

一方、寺田物理学と呼ばれる独自の研究分野を開拓し、夏目漱石門下の随筆家としても名高い寺田寅彦は、こんな言葉を残しました。

「物理学は結局世界中にどれだけ分からない事があるかを学ぶ学問である」

宇宙の謎に限らず、私たちのまわりにはまだ多くの「自然の不思議」が残されています。究極の素粒子をめぐるミクロの世界、生命の神秘や脳と心の謎、一時話題になった複雑系の科学などなど。そして一つの謎解きは新たな謎を呼び、自然の真理の奥深さがいっそうわかってきます。そうした自然の真理に人智が及ぶはずもないことを謙虚に認め、その上で人智ではつかめないものに興味を持つこと、それが物理学から随筆、映画評論や絵画、バイオリンまでこなした寺田の原点だったとも言われています。

両者の言葉は、自然と人間の関係について対照的な内容を示しています。にもかかわらず、どちらも確かな真実を表していることがおわかりいただけるでしょう。

周囲　　谷川俊太郎

昨日の奥の十億年
明日の奥の十億年

アンドロメダ星雲とオリオン星雲との
地球に関する事務的な会話

机の下のヒヤシンスと
おやつのチヨコレエト

せいぜい無限ほどの体積しかもたない
人間の頭脳
しかるが故の
感情の価値
（第一詩集『二十億光年の孤独』より）

「宇宙に関する新たな発見！」とのニュースを見聞きしたとき、その知的な成果の価値を味わいつつ、背後にある人間のすばらしさと宇宙の深遠さ、そしてその両者の結びつきに思いを馳せてはいかがでしょうか。

参考文献

『宇宙論講義―そして、ぼくらも生まれた』佐藤勝彦著　増進会出版社
『創造の種』スティーブン・ホーキング、佐藤勝彦、高柳雄一著　NTT出版
『NEW COSMOS SERIES 1〜7』佐藤勝彦（編集）培風館
『物理学のコンセプト 8〜9』Paul G. Hewitt他著　小出昭一郎監修　黒星瑩一訳　共立出版
『現代天文学要説』内海和彦、田辺健茲、吉岡一男著　朝倉書店
『世界最大の望遠鏡「すばる」』安藤裕康著　平凡社
『見えてきた宇宙の神秘』野本陽代著　草思社
『星の王国の旅』ヘルムート・ホルヌング著　家悦子訳　家正則監訳　丸善
『図解雑学　宇宙論』『図解雑学　天文学』二間瀬敏史著　ナツメ社
『SPACE ATLAS』河島信樹監修　PHP研究所
『天文資料集』大脇直明、磯部琇三、斎藤馨児、堀源一郎著　東京大学出版会
『天文年鑑　一九九九年版』　誠文堂新光社

<ま行>

<や行>

<ら行>

＜さ行＞

＜索 引＞

本書は、書き下ろし作品です。

監修者紹介
佐藤勝彦（さとう　かつひこ）
1945年、香川県生まれ。1973年京都大学大学院理学研究科物理学専攻博士課程修了。北欧理論原子物理学研究所（コペンハーゲン）客員教授、東京大学理学部助教授を経て、現在東京大学大学院理学系研究科教授。理学博士。専攻は宇宙論・宇宙物理学。
1981年に「インフレーション理論」をアメリカのグースと独立に提唱、国際天文学連合の宇宙論委員会の委員長を務めるなど、宇宙論研究を世界的にリードする。1990年、仁科記念賞受賞。
『宇宙論講義－そして、ぼくらも生まれた』（増進会出版社）、『宇宙はわれわれの宇宙だけではなかった』（同文書院）、『ホーキングの最新宇宙論』（NHK出版）、『壺の中の宇宙』（二見書房）、『相対性理論を楽しむ本』（監修、PHP文庫）など一般向けの著訳書のほか、『岩波基礎物理シリーズ9　相対性理論』（岩波書店）などの著書がある。

PHP文庫　最新宇宙論と天文学を楽しむ本
太陽系の謎からインフレーション理論まで

1999年11月15日　第1版第1刷
2001年6月29日　第1版第4刷

監修者　佐藤勝彦
発行者　江口克彦
発行所　PHP研究所
東京本部　〒102-8331 千代田区三番町3-10
文庫出版部　☎03-3239-6259
普及一部　☎03-3239-6233
京都本部　〒601-8411 京都市南区西九条北ノ内町11
PHP INTERFACE　http://www.php.co.jp/
印刷所
製本所　大日本印刷株式会社

ISBN4-569-57299-5